活捉黑洞

中国慧眼探索极端宇宙

中国科学院高能物理研究所
中国科学院国家空间科学中心　组织
新华社对外部中国特稿社

喻　菲　全晓书　屈　婷　著
贺　萌　绘

科学出版社
北　京

内 容 简 介

那么，黑洞究竟是如何产生的？为什么要研究黑洞？探索黑洞有哪些方法？硬 X 射线调制望远镜卫星——“慧眼”是通过什么方式追踪物质坠入黑洞的轨迹？

2017 年，凝聚了几代中国科学家智慧与心血的“慧眼”横空出世，开启了中国空间天文研究的新时代。本书生动地讲述了有关黑洞的知识和故事，忠实纪录了中国科学家的睿智勤奋和百折不挠，带领读者跟随他们充满梦想与激情的脚步，搭乘“慧眼”飞向太空，共同探索神奇的黑洞世界。

图书在版编目（CIP）数据

活捉黑洞：中国慧眼探索极端宇宙 / 喻菲，全晓书，屈婷著. —北京：科学出版社，2017.7

ISBN 978-7-03-053768-3

Ⅰ. ①活… Ⅱ. ①喻… ②全… ③屈… Ⅲ. ①黑洞 - 研究 Ⅳ. ①P145.8

中国版本图书馆CIP数据核字（2017）第134112号

责任编辑：侯俊琳 田慧莹 崔慧娴 / 责任校对：何艳萍
责任印制：李 彤 / 封面设计：有道文化
版式设计：北京美光设计制版有限公司

科 学 出 版 社 出版
北京东黄城根北街16号
邮政编码：100717
http://www.sciencep.com

北京虎彩文化传播有限公司 印刷
科学出版社发行 各地新华书店经销

*

2017年 7 月第 一 版 开本：720 × 1000 1/16
2022年 1 月第六次印刷 印张：8
字数：165 000

定价：48.00元

（如有印装质量问题，我社负责调换）

序

Preface

我国首颗 X 射线天文卫星——硬 X 射线调制望远镜 (Hard X-ray Modulation Telescope, HXMT) 卫星，在经历了多年艰辛的科学技术积累和研制试验后，将作为中国探索宇宙奥秘的使者发射升空，我们热切地期待其任务全部圆满成功。

在太空开展科学研究冲破了地球的大气屏障，直接面对或深入广袤无垠的宇宙，极大地开拓了人类的视野和活动疆域。空间天文——在太空进行的天文观测研究，突破了仅限于可见光、射电等特定波段的地面观测限制（称为大气窗口），开拓了人类对包括宇宙微波背景、射电辐射、红外 / 亚毫米波、可见光、紫外线、X 射线、γ 射线乃至波长更短的宇宙高能粒子在内的全电磁谱段天文研究的新纪元。短短的几十年中，新的革命性发现缤彩纷呈，取得了划时代的辉煌成就，深刻改变了人类对天体、宇宙和物质世界的认知，而我国由于种种原因在其中贡献甚微。

X 射线天文在空间天文中具有重要地位，宇宙中不同能量的 X 射线来源于天体的高温辐射、强引力场或强磁场下带电粒子的同步辐射和核相互作用等过程，是研究天体极端条件下剧烈高能活动物理机制的主要探针。实际上，我国科学家从 20 世纪 80 年代起就将 X 射线天文作为重点方向，开展了一系列科学气球观测和探测技术研究。20 世纪 90 年代，李惕碚、吴枚发明了直接解调成像方法，另辟蹊径地实现了具有较高信噪比、采用非掠射聚焦 / 非位置灵敏探测器的 X/γ 射线点源和弥散源反演成像，并得到实验验证和理论支撑，解决了当时困扰科学界的高能电磁辐射成像难题，形成了 HXMT 卫星任务的科学和技术概念。

在中国科学院、国家航天局和科学技术部等的支持下，中国科学院团队和航天科技集团五院团队通力合作，经过科学目标深化研究、新探测器研发和探测能区扩展、地面定标和应用系统建设以及卫星工程设计的优化完善，现在的 HXMT 卫星既能巡天普查又能定向深度观测，成为具有天文台性质的空间研究设施。它将利用其极具竞争力的宽能区、高灵敏度、高能量分辨率、高时间分辨率和独特的成像能力开展中子星、黑洞等致密天体极端环境下物理规律、γ 射线暴、引力波电磁对应体等前沿科学问题，在国际高能天体物理研究的蓬勃发展中做出中国独特的贡献。

本书是“中国科学卫星系列”科普书的第二本。作者以生动通俗的语言、多彩丰富的漫画、形象微妙的比喻阐释了与 HXMT 科学探索目标相关的艰深天体物理问题及其背后的故事，还以朴实无华的笔触记录还原了为 HXMT 做出贡献的几代科技工作者，使这本书形成了科普和纪实文学结合的特点，值得推荐。

中国科学卫星系列是在国家支持下的中国科学院空间科学先导专项推进中形成的，其中的天文卫星包括已经实施的暗物质探测卫星和硬 X 射线调制望远镜卫星，正在实施的 X 射线天文卫星爱因斯坦探针（Einstein Probe, EP）、先进天基太阳天文台（Advanced Solar Observatory-Space, ASO-S）和准备实施的由中国发起并领导的大型国际合作旗舰级科学研究项目——增强型的 X 射线时变与偏振空间天文台（enhanced X-ray Timing and Polarimetry Mission, eXTP）等，堪称我国发展空间科学和空间天文的里程碑。此外我国还有国家航天局支持的中法合作空间暂现源观测天文卫星（Spae-based multiband astronomical Variable Objects Monitor, SVOM），空间站工程安排的 2 米光学望远镜多色成像与无缝光谱巡天、宇宙辐射和暗物质探测设施（High Energy cosmic-Radiation Detection, HERD）、中子星极端天体探测等重大天文项目，将在 2020 ~ 2025 年间发射，实现我国空间天文向国际最前沿的新一波冲刺。

当今，空间科学、空间技术和空间应用形成了航天领域的三大支柱，21 世纪的空间科学将引领和推动基础科学前沿重要领域的跨越，破解重大的科学之谜。我国空间科学将在中国科学院空间科学先导专项、载人航天和月球探测等国家重大专项推动下进入世界先进行列，在若干重点领域取得具有重大影响和领先的科学发现。

顾逸东

2017 年 5 月 1 日

前言

Forward

在中国科学家研制的第一颗空间 X 射线天文观测卫星——硬 X 射线调制望远镜（HXMT）卫星发射前的几个月，我们应中国科学院高能物理研究所和国家空间科学中心之邀，为这颗卫星编写科普书。这是继《寻找暗物质》《筑梦天宫》之后，新华社对外部中国特稿社记者编写的第三本介绍中国空间科学的科普书。

黑洞、脉冲星、伽马射线暴……这些宇宙中神奇怪异的天体、现象强烈地吸引着小小地球上的人类去探索。尽管中国人曾经在史书中有很丰富的天文观测记录，包括宋代 1054 年的超新星爆发，但对于星星背后科学之谜的探索，绝大部分都是由西方科学家完成的，中国科学家的贡献还很少。我们平日的工作是向世界报道中国，因而也特别希望能够看到中国科学家做出世界级的重大发现。

HXMT 是一架来之不易的太空望远镜，可以说它代表了中国空间天文的开端，凝聚了几代科学家的智慧与心血，能够将它背后的故事记录下来是记者的荣幸。2017 年早春，我们多次来到位于北京石景山区的中国科学院高能物理研究所，采访了十多位为这颗卫星奋斗多年的老中青年科学家。他们睿智、勤奋、百折不挠的故事深深地打动了我们。当然，任何空间项目都需要大批科学家团结合作才能实现，还有更多默默奉献的科学家，我们没有时间一一采访，只能在此向他们表示敬意。

本书包括六章：第一章是针对 HXMT 要探测的科学目标而做的基础科普。由于 HXMT 主要探测的是黑洞和中子星，我们便从它们的前身大质量恒星说起，例如，这些星星寿命将终止时如何从灿烂的超新星爆发中诞生出中子星或黑洞；被誉为宇宙灯塔的脉冲星即中子星是怎样被发现的；黑洞如何离奇古怪又神秘莫测；这颗卫星要探测的除宇宙大爆炸外最猛烈的爆炸——伽马射线暴是怎么回事；引力波是什么，它与科学家要探测的伽马射线暴有什么关系。第二章针对黑洞又做了进一步讲解。人们如何从不相信有黑洞，到逐渐认识并观测到黑洞的存在；科学家用哪些方法观测不发光的黑洞；宇宙中的超大质量黑洞、活动星系核和类星体是怎么回事。第三章主要介绍 X 射线天文的发展历史，尤其是中国高能天体物理的发展历史。在中国，高能天体物理观测研究经过了从高山云室“守株待兔”，到放飞高空气球观测，再到神舟飞船、月球探测器、“天宫二号”空间实验室、科学卫星的太空观测发展历程。中国科学家对宇宙探索的“悟道”之旅也蕴含着东方的哲学思想。第四、第五章为本书的核心，是围绕 HXMT 展开的。第四章收录了中外科学家对这架来之不易的太空望远镜具有重要意义的评价；介绍了这颗卫星主要的科学探测目标。当然，很多重大的科学发现都是意料之外的，这也让人们对这颗卫星将带来的意外之喜充满了期待。我们对这颗卫星如何设计及其基本构造、特点、优势，以及如何对卫星标定等，都尽量用通俗易懂的语言加以介绍。第五章主要介绍了这颗卫星曲折的研制历程，以及科研人员在无数困难面前毫不气馁、坚持不懈的故事。我们还对在这颗卫星之后中国 X 射线天文的未来发展做了展望。本书的最后一章介绍的是几位对中国高能天体物理做出重要贡献的科学家，我们希望通过他们的故事反映科学家对科学勇于探索、孜孜不倦、不断创新的精神。

在本书编写过程中，得到了中国科学院高能物理研究所的大力支持，卢方军老师和张帆老师从一开始就对书的整体构架给予指导，并为我们的采访做出精心周到的安排。李惕碚院士、HXMT 首席科学家张双南老师以及其他多位科学家在百忙之中接受了我们的采访，为我们做了非常生动的科普，也正是他们的鼓励让我们有勇气和信心完成本书的编写。中国科学院高能物理研究所既能干颜值又高的刘红薇、尹倩青等年轻科研人员也为本书的编写提供了许多帮助。另外，中国科学院国家空间科学中心的李橙媛是我们的老搭档了，这次她一如既往地支持我们编写此书。我们还要感谢中国特稿社领导顾钱江老师对本书的大力支持，能让我们在繁忙的新闻报道中抽出时间来编写此书。最后特别要感谢编写团队的小伙伴们的辛苦付出，每个人都竭尽全力在有限的时间内力求做到最好。

由于作者并非天体物理专业人士，书中不妥之处在所难免，敬请读者批评指正。

喻　菲
2017 年 4 月

目 录

Contents

第一章

不是死亡 而是新生

宇宙中星星的数目比地球上所有沙滩的沙粒总数还多。

天上正发生着许多精彩绝伦的故事，了解了这些故事，你的天空就变得不同。那些灿烂的繁星不再只是夜空中的点缀，而具有更多的意义……

图 1–1　星星的生命之花

星星的生命之花

中国北宋仁宗至和元年（公元 1054 年）的一个夏日，负责观天象的司天监官员杨惟德突然发现天空中来了一名陌生的“不速之客”。它出现在今天的金牛座方向，如同金星一般光芒四射，星光呈红白色，甚至在白天都能看到它。

古人认为，天上的星辰变化与人间的吉凶祸福都有关联。司天监连忙记录下这颗突然出现的星星，称它为“客星”。杨惟德认为它是吉祥的征兆，并报告给皇帝。“客星”闪亮了 23 天后黯淡下来，又在人们的视线中停留了近两年后逐渐消失了。

今天我们只能在宋朝史书中找到对这颗“客星”的简短记录。为了揭开它的神秘面纱，人类用了上千年的时间。

600 多年后，也就是 1731 年，英国天文爱好者拜维斯医生在金牛座天关星以北 1.5 度发现了一团模糊的雾状天体。1771 年，法国天文学家梅西耶把这团星云命名为 M1。随着望远镜技术的发展，1850 年左右，天文学家发现 M1 的外形及内部纤维结构很像一只大螃蟹，就给它起了一个新的名字：蟹状星云。1921 年，美国天文学

图 1–2　宋朝记录的超新星爆发

图 1-3　大质量恒星最后的绽放

家邓肯借助威尔逊天文台的望远镜拍摄到了蟹状星云相隔 12 年的两张照片，并惊讶地发现蟹状星云正以每秒 900 千米的速度膨胀。1928 年，美国著名天文学家哈勃推断出蟹状星云就是 1054 年宋朝史书中记载的“客星”的遗迹。1969 年，一颗脉冲星在蟹状星云的中间被发现。

现在我们知道，蟹状星云距离我们大约 6500 光年。它的前身是一颗质量超过太阳质量 8 倍的恒星。在这颗恒星走向生命的终点时，通过一场猛烈的爆炸绽放出生命之花。那场爆炸的光芒在 1054 年到达地球，北宋的观天者见证了宇宙中最震撼的景象，他们目睹了一场超新星爆发。

要想理解什么是超新星，还要先从恒星的一生说起。

什么是恒星呢？恒星是星际气体云在引力的作用下坍缩形成的。星际介质在坍缩过程中，当中心的温度和压力高到一定程度时，就会触发核反应，产生能量并发出光和热，从而形成了恒星。从本质上讲，恒星可以被视为巨大的热核聚变反应工厂。一颗恒星以氢作为燃料，氢元素在恒星中心转化为氦元素，释放的能量透过星体辐射到宇宙空间中。如果不是重力的方向与辐射的方向相反，这种能量释放所产生的

压力足以将恒星瓦解。恒星在一生当中依靠这两种力量的微妙平衡来维持稳定。

对恒星来说，它的质量至关重要，决定了其性质（如光度、温度、大小）以及如何随时间演化。恒星的一生要经历各种演化阶段，在不同的阶段能够产生不同的元素。

然而，即便是星辰也无法永恒。恒星的内核有一天会用光它的聚变燃料。如果一颗和太阳类似的中等质量恒星耗尽了所有燃料，其内核会收缩，而外壳会膨胀，成为巨大疏松的红巨星，随后吹开大部分外部包层，被吹开的物质以恒星为中心向外膨胀形成绚丽的行星状星云。尽管名为行星状星云，但它们实际上与行星没有任何关系。

通过制造行星状星云的方式损失掉高达 90% 的物质后，如果恒星剩余部分的质量小于太阳质量的 1.4 倍，就会变成白矮星。白矮星是依靠所谓的电子简并压支撑的，这种压力是由于核心的物质中电子之间存在的排斥力而产生的。恒星残骸的质量越大，坍缩成的白矮星直径越小、密度越高。人类发现的第一颗白矮星是围绕着夜空中人们能用肉眼看到的最亮的恒星——天狼星旋转的天狼 B 星，它的质量与太阳相近，而大小却和地球差不多，表面重力是地球的 40 万倍。白矮星的表面温度在刚形成时可达到 10 万摄氏度左右，此后的数亿年里会逐渐冷却成为黑矮星。

那些质量非常大的恒星则以更为绚烂的方式结束自己的生命。大质量恒星消耗燃料的速率更快，因而寿命比低质量恒星短得多。当大于 10 倍太阳质量的恒星燃料耗尽时，会产生一个由铁构成的核心。起初这个核心是由内部压力支撑的，但当它的质量超过太阳质量的 1.4 倍时，就开始坍缩，形成了一个几乎全部由中子构成的极为致密的核。当恒星的外层持续下落，与坚硬的核心碰撞时，会以高达每小时 7000 万千米的速度向外反弹，在爆炸中解体，此时就形成了超新星。

超新星爆发时产生的火球比太阳表面温度要高 100 万倍，非常壮观。这一过程会释放出大量的能量，在某些情况下，大质量恒星在超新星爆发阶段所释放的能量是普通恒星的 100 亿倍。这导致恒星的亮度骤然上升，从遥远处看，这种大质量恒星的死亡就像是从原本一无所有的空间突然产生了一颗新星一般，并持续数个月甚至数年后光芒才会变暗。而超新星爆发的残骸则会形成一片星云。超新星爆发抛出的物质壳层不断膨胀，在数千年之后仍能看到。宇宙中点缀着成百上千个这样精美的天体，光彩夺目，它们是死亡恒星最后的绽放，是恒星最后的叹息。

圣经说，尘归尘。而天文学家说，星尘归星尘。

这样宇宙炼狱般的爆炸不仅仅是景象宏伟壮丽，超新星爆发本身对于恒星和星系的形成，以及生命所必需的各种元素的产生都至关重要。当生命结束时，恒星把组成自身的所有物质抛回星际介质中。它们四散的身躯和星际间其他物质混合在一起，成为萌生新一代恒星和行星的土壤。超新星是这生死轮回中关键的环节，是毁灭与创生相遇的一刻。

超新星这个名字，是脾气古怪的瑞士天文学家弗里茨 · 兹威基在 20 世纪 30 年代创造的。20 世纪 20 年代他来到美国加州理工学院，很快以卓越的才华闻名遐迩。20 世纪 30 年代初，他思考着一个困扰了天文学家很长时间的问题：天空中偶尔出现又无法解释的光点到底是怎么回事。他提出，如果恒星坍缩到原子的核心那种密度，就会变成一个极其坚实的核。原子实际上已经被压成一团，它们的电子不得不变成核子，形成中子，这样就形成了一颗中子星。一颗中子星核的密度如此之大，一调羹的中子星物质就重达 900 亿千克。兹威基意识到，这样的一颗恒星坍缩以后会释放出大量能量，足以产生宇宙中最剧烈的爆炸。他把这种爆炸称为超新星。

1932 年 1 月 15 日，《物理学评论》杂志刊登了兹威基与合作者巴德的一篇论文摘要，尽管只有 24 行字，却包含了大量新的科学知识：首次提到了超新星和中子星；令人信服地解释了它们是如何形成的；准确地计算出它们爆炸的等级；还把超新星爆炸与所谓的宇宙射线这种神秘现象的产生联系起来。这些理念在当时是革命性的，中子星的存在要再等 34 年才被确认。用美国加州理工学院天文物理学家基普·索恩的话来说，这篇摘要是“物理学和天文学史上最有先见之明的文献之一”。

尽管自第一颗恒星诞生以来，有几百万颗超新星曾经在我们的银河系中闪耀过，但超新星爆发仍然是一件不平凡的事。一颗恒星可以燃烧几十亿年，而死亡却是一瞬间的事。只有少量的恒星在临终时发生爆炸，大多数默默无闻地熄灭，就像黎明时的篝火一样。在一个由 1000 亿颗恒星组成的典型星系里，平均每两三百年会出现一颗超新星。而在我们的星系中，大多数超新星的爆发因为掩藏在银河悬臂的尘埃与气体中，所以地球上的人类无法感知到。但偶尔也会有距离足够近的超新星爆发，让我们注意到它们夺目的光芒。天文学家寻找一颗超新星，有点像站在纽约帝国大厦的观景台上，用望远镜搜索曼哈顿四周的窗户，希望发现有人在点 18 岁生日蛋糕上的蜡烛。

古人关于超新星的记录，大多来自中国的编年史，其中就包括 1054 年宋朝记录的那颗超新星。自人类发明望远镜以来，地球天空中出现过的最大一次超新星爆发发生在 1987 年 2 月 23 日。在亮度达到最大时，它的光芒超过一些中等亮度的恒星。这次超新星爆发发生在 17 万年前，在距离我们最近的星系——大麦哲伦星云，而我们肉眼所能看到的天上的恒星，大部分距离我们只有几百光年。

超新星还有一个方面对我们来说至关重要。如果没有超新星，我们就不会来到这个世界上。宇宙大爆炸产生了许多轻的气体，但没有创造重的元素，重元素是后来才有的。地球上所有的金属都是在大质量恒星的焰火中锻造出来的。例如，比铁轻的元素都堆积在恒星的核聚变产物中；更重些的元素，直到元素周期表末端的铀，都是在超新星爆发的火球中被创造出来的。如果没有大质量恒星寿命将终时的爆炸，星际空间中只有氢与氦存在，构成我们的物质将被锁定在永不死亡的恒星内部，无法被释放出来，地球这样的行星无法诞生，生命也就无法形成。

如茵的绿草和鲜红的血液，实际上拥有的都是星尘的颜色。构成你我身体的所有重原子，都是在曾经的一颗恒星中被锻造出来的。当你触摸自己的肌肤，所触碰的即是星尘。

宇宙灯塔：脉冲星

大质量恒星寿命终结时在超新星爆发中粉身碎骨，外层被炸飞，如果恒星遗留下的内核质量超过太阳质量的 1.4 倍，就会坍缩成主要由中子以及少量的电子和质子组成的中子星；如果残留质量大约超过太阳质量的 3 倍，则会进一步坍缩为黑洞。

恒星形成中子星时，内部的磁场受到压缩，强度增加，自转速度也会随着坍缩而逐渐加快。中子星的特点就是磁场极强、自转极快。

以均匀的时间间隔辐射脉冲的中子星被称为脉冲星。所谓脉冲就像人的脉搏一样，一下一下出现短促的信号。我们观察脉冲星时，就像在海里航行时看到灯塔投射出的灯光一样，是一闪一闪的。

为什么我们可以收到这样有规律的忽明忽暗的脉冲信号呢？这是因为带电粒子沿着脉冲星的磁力线旋转运动，产生了辐射束，而辐射束的放射轴和中子星的自转轴并不一致。中子星沿着自转轴高速旋转，只有当辐射束恰好扫过地球时，我们才能观测到，因而形成了脉冲，脉冲的周期其实就是脉冲星的自转周期。由于其强烈的规律性，脉冲星被认为是宇宙中最精确的时钟。

今天，就在1054年中国宋朝记录“客星”的那个位置，一颗脉冲星深埋在宽度达到3光年扭曲的纤维状蟹状星云中心，它每秒自转大约30圈。蟹状星云脉冲星是在1967年被发现的，它是第一颗在可见光波段得到确认的脉冲星。科学家估计它的半径只有大约10千米，但质量比太阳还大，辐射出的能量是太阳的75万倍。

对人类来说，中子星实在太诡异。中子星的个头只有一座小型城市那么大，但质量却是地球的50万倍。假设能造出这样一个天平，一端盛上一茶匙的中子星物质，那么天平的另一端放什么才能达到平衡？实际上任何人造物体的质量都不足以平衡这一茶匙的中子星物质，而需要一座高达3000米的山峰才能抵得住这么一丁点儿中子星物质。

对于想造访中子星的人来说，在中子星上着陆将永无可能。中子星表面强大的引力瞬间就会把飞船及其里面的一切都压成一滩糊状的亚原子粒子。中子星上的山峰高度是以毫米为单位度量的，然而，中子星上几毫米高度的山峰所包含的物质质量一点儿也不比地球上高耸的山峰少。

图1-4 宇宙灯塔

图 1-5　一茶匙的中子星物质的质量需要一座高达 3000 米的山峰才能抵得住

由于中子星过于怪异，尽管在 20 世纪 30 年代就有科学家预言了它们的存在，但一直没有得到证实，人们普遍对这个假说持怀疑态度。在真正探测到一颗中子星之前，一些科学家倾向于把中子星的概念视为纯理论，与真实的世界完全没有关系。然而，中子星确实是存在的。

1967 年，英国剑桥大学建造了一台新的射电望远镜，用以观测射电辐射受行星际物质的影响。负责观测并担任繁重记录处理工作的是 24 岁的乔斯琳 · 贝尔，她是剑桥大学卡文迪许实验室的安东尼 · 休伊什教授的博士研究生。

1967 年 10 月，细心的贝尔在检测信号时发现了一些奇怪而有规律的脉冲信号，其脉冲周期十分稳定，为 1.337 秒。贝尔立即把这个消息报告给她的导师休伊什。休伊什认为这是受到了地球上某种电波的影响。但是，第二天，在同一时间、同一天区，那个神秘的脉冲信号再次出现。可以证明，这个奇怪的信号不是来自于地球，而是来自天外。

起初人们以为那是外星人在向我们发射电磁波，他们在寻找宇宙中的知音。科学家以“小绿人”（Little Green Men，LGM）来命名这个神奇的信号。但是，进一步测量表明，这个天体发出脉冲的频率精确得令人难以置信，并且没有电码的明显丰富信息。在接下来不到半年的时间里，科学家又陆续发现了数个这样的脉冲信号，因而排除了外星人的可能。因为不可能有几个“小绿人”在不同方向同时向地球发射稳定频率的信号。再经过认真仔细的研究，1968 年 2 月，贝尔和休伊什联名在英国《自然》杂志上报告发现了新型天体——脉冲星。

科学家计算发现，只有像中子星那样体积小、质量大、密度大的天体才有可能产生这样的脉冲强度和频率。由此，中子星的存在才真正从假说成为事实。

这是 20 世纪激动人心的重大发现，为人类探索自然开辟了新的领域，并对现代物理学的发展产生了深远影响。因此，脉冲星与类星体、宇宙微波背景辐射、星际有机分子一道，并称为 20 世纪 60 年代天文学“四大发现”。由于这项新发现，1974 年的诺贝尔物理学奖颁给了休伊什，以奖励他所领导的研究小组发现了脉冲星。令人遗憾的是，脉冲星的直接发现者——乔斯琳·贝尔不在获奖人员之列。事实上，在脉冲星的发现中，贝尔严谨的科学态度和极度细心的观测起到了关键作用。

至今，科学家已发现了 2000 多颗脉冲星。

脉冲星自转周期范围一般为 1.6 毫秒～8.5 秒，具有极其稳定的周期，尤其是毫秒脉冲星的自转周期变化率达到 10^{-19} ～ 10^{-21}，被誉为自然界最精准的天文时钟。科学家相信，未来脉冲星可以成为人类在宇宙中航行的灯塔，为近地轨道、深空和星际空间飞行的航天器导航。

图 1–6 发现脉冲星的贝尔

引力旋涡：黑洞

引力是宇宙的建筑大师，天体的轨道、密度、运动速度等无不在引力的控制之下。

如果大质量恒星在超新星爆发之后的残留物质量大约超过太阳质量的 3 倍，引力就将主导一切，没有什么力量可以阻挡狂暴的引力坍缩，这颗星星走向最终的黑洞归宿，黑洞内部的物质似乎从时空中消失了，从此与宇宙失去了联系。

黑洞是时空中的无底深渊，是一种引力陷阱。在强大的引力作用下，一切都无法摆脱被蹂躏的命运，即便是光也无法从黑洞中逃脱。一些科学家猜想，黑洞中心处的物质被挤压成密度无限大的一点，称为奇点。

黑洞的类型主要有两种：恒星级黑洞和超大质量黑洞。恒星级黑洞是由爆炸的大质量恒星的核心坍缩形成的，质量相当于数个太阳，

图 1–7　黑洞是时空中的无底深渊，是一种引力陷阱

图 1-8 黑洞从一颗恒星吸积物质

它们可能在所有星系中都十分普遍，这些沉默的“地雷”散布在宇宙各处。随着时钟的每一秒嘀嗒声，就有一个新黑洞在宇宙某处诞生。据估计，仅在银河系内，就有上千万甚至更多这样的黑洞存在。

你对科幻作家刘慈欣所描绘的有三个太阳的“三体世界”感到惊异吗？但实际上那在宇宙中并不罕见，绝大多数恒星都有伴侣，很多还不止一个，像太阳这样孤独的恒星其实才是与众不同的。银河系 2/3 的恒星都是聚星系统，通常为双星，但有时是三合星或者四合星，子星间有着复杂的引力作用。

两颗星星因为引力纠缠在一起，相依相生，这样的系统叫双星系统。当双星系统中一颗大质量恒星在经历超新星爆发后形成像中子星或黑洞这样的致密天体，其强大的引力会从另一颗星吸积物质，这些物质以漩涡状的轨道向内快速运动，并且变得非常热而在致密天体周围发出 X 射线。

天文学家通过分析这些 X 射线双星的观测数据，便可计算出其中致密天体的质量。科学家对银河系内的一个致密 X 射线源——天鹅座 X-1 的计算表明，其不可见的致密天体的质量大约是太阳质量的 10 倍，因此它不可能是白矮星或中子星，只可能是一个黑洞。实际上，天鹅座 X-1 是人类确认的第一个黑洞。目前科学家已经在银河系中发现了 20 多个类似于天鹅座 X-1 的黑洞，它们的质量是太阳质量的 4 ～ 20 倍。

与恒星级黑洞相比，超大质量黑洞气势更为恢宏，其质量可以达到几亿个甚至上百亿个太阳的质量，它们存在于大部分星系的中心。比如在银河系的中心，就有一个 400 万倍太阳质量的黑洞。在另外一些星系中，有气体不断掉入黑洞，在黑洞附近形成一个围绕黑洞旋转的吸积盘，并且在黑洞的旋转轴附近发出喷流。这样的一个系统叫作活动星系核，它会发射强烈的电磁辐射。这些宇宙“怪兽”一般的超大质量黑洞的确切起源仍然是一个谜，有科学家认为可能是星系形成过程中的副产品。

1977 年，天文学家发现了银河系中心可能存在着一个大质量巨型黑洞的第一个证据。他们用携带了伽马射线探测设备的高空气球探测到来自银河核球方向的大量辐射——这正是理论学家所预言的、只能在围绕巨型黑洞的极高温吸积盘内侧才能发出的辐射类型。这种吸积盘模型与射电天文学家对银河核球区域进行的射电探测发现也十分吻合。2008 年，通过测量围绕银河系中心黑洞运行的恒星的位置，天文学家终于确定了这个巨型黑洞的质量。

图 1-9　黑洞离奇古怪

黑洞对于理解时空起源和宇宙的终极命运十分重要，对黑洞的理解左右着人类对宇宙未来的预测。黑洞既是观测天文学的福音，也是理论研究的灵感沃土，它为物理学家提供了一个数学演练场，使他们能够将想法推至极限，用纸和笔探寻自然界一种最极端的环境。

因患有罕见疾病肌萎缩性侧索硬化症而全身瘫痪、不能言语的英国物理学家霍金将量子力学与广义相对论结合起来，以崭新的角度思考黑洞后，提出一个观点：黑洞并不是那么黑，黑洞也是有辐射的，会一点点“蒸发”掉。但是也有学者（包括中国科学家杨荣佳和张双南）提出，尽管黑洞蒸发很可能是正确的，但是黑洞不会被“蒸发”掉，最后残余的物质有可能就是宇宙的暗物质。尽管广义相对论和量子理论这两大独立的理论尚未能正式统一，但已有一些迹象表明，黑洞也许就是物理学家解决这个终极问题的向导。

黑洞同时激发了人类探索未知的兴奋感和对潜在危险的恐惧感。我们可以想象一下接近黑洞边缘的旅程，就好比从一个巨大瀑布的顶端走向悬崖，那跌落深渊的湍流景象异常壮观，但危险也近在咫尺……

黑洞里是否有像好莱坞科幻电影《星际穿越》中所描绘的通向另一个宇宙、另一个现实的秘密通道？我们现在还不得而知。但一些科学家警告，如果你进入黑洞，身体就会被强大的潮汐力拉成“面条”，最终被彻底撕裂。不过有一个有趣的假说：对地球上的人来说，去黑洞附近旅行可能会让你永葆青春。还有一种假说是，我们的宇宙其实就在一个黑洞之中，这个黑洞通过吞噬它外部的物质而不断增长，表现出来的就是宇宙膨胀。

黑洞离奇古怪又神秘莫测，正如著名黑洞专家、美国加州理工学院的理论物理学家、科幻电影《星际穿越》的科学顾问基普·索恩所说，黑洞就像独角兽和恶魔一样，它似乎更应当出现在科幻小说或古代神话里，而不是我们真实的宇宙中。

图 1–10　宇宙中最壮观的“焰火”

宇宙中最壮观的“焰火”

有时，黑洞的诞生伴随着啼哭，那也是宇宙中最壮观的“焰火”，是除了宇宙大爆炸以外最猛烈的爆炸。

冷战时期，美国为了监测苏联可能进行的秘密核试验，在 20 世纪 60 年代发射了一系列探测伽马光子的“Vela”卫星（西班牙语中是“巡逻者”的意思）。令人出乎意料的是，这些卫星却发现了许多既不是来自地球也不是来自太阳，而是来自宇宙空间的伽马射线爆发现象。原本纯粹的军事行动开启了一个天文学研究的新分支。

伽马射线是能量最强的电磁波，它的能量比可见光大几十万倍以上。在太空中产生的伽马射线无法穿透地球大气层，因而无法到达地球大气层的低层，只能在太空中被探测到。伽马射线暴，简称伽马暴，是来自宇宙空间的伽马射线短时间突然增强的现象。除了创生宇宙的宇宙大爆炸以外，伽马暴是整个宇宙中最为剧烈的能量爆发，在数秒内就能够释放出太阳 100 亿年所燃烧的能量。在伽马暴刚刚爆发的时候，其亮度甚至能照亮整个宇宙。

1997 年 12 月 14 日发生了一次伽马暴，它距离地球 120 亿光年，释放的能量比超新星爆发还要大几百倍，在 50 秒内所释放出的伽马射线能量相当于整个银河系 200 年的总辐射能量。这次伽马暴持续时间在 1 ～ 2 秒，其亮度与除它以外的整个宇宙一样明亮。

2013 年 4 月 27 日，多国研究人员利用太空与地面望远镜观测到在多个方面都打破纪录的伽马暴。它的亮度在地球上用双筒望远镜都可以看见。

自 1973 年公布发现伽马暴以来，关于它的研究一直是天文学和物理学中一个极为活跃的前沿领域。自 1997 年以来，有关伽马暴的观测发现四次被美国《科学》杂志列入年度世界十大科技成就。

伽马暴的持续时间，长可达上千秒，短则只有几毫秒。根据持续时间长短，可将伽马暴分为长暴和短暴两种类型，它们产生的原因并不相同。

长暴通常会随着超新星爆发而产生，因为超新星爆发时或爆发后瞬间其内部可能会形成快速自旋的中子星或者黑洞 - 吸积盘系统。由于其中一些中子星具有超强的磁场，所以这种中子星又被形象地称为“磁星”，它们不断释放高能电磁辐射，以伽马射线和 X 射线为主。而黑洞形成后会吞噬吸积盘物质形成喷流，喷流中产生伽马暴。

伽马短暴持续的时间不到 2 秒，目前观测到的伽马暴约 1/3 属于这一类型。科学家推测，短暴可能是由中子星与中子星，或中子星与黑洞的合并而触发的。因为两个天体的碰撞并合会在极短的时间内形成极其强大的磁场，变成一个超强的粒子加速器，给天体中的物质赋予极大的能量而喷射出去，从而引发伽马暴。

宇宙充满了这种“狙击手”，它们随机地爆发，然后陷入黑暗。伽马暴强烈的伽马射线能够杀死一定范围内的生命。如果地球附近出现伽马暴，并且地球处在其释放路径上，那么地球上的生命将遭遇灭顶之灾。伽马暴会摧毁臭氧层，让我们暴露在致命的太阳辐射之下。经过自然过程，臭氧需要很多年才能恢复，这段时间足以让太阳把地球烤得寸草不生，至少杀死大多数复杂的生命。当伽马暴发生在距地球 3000 光年以内时，人类的生活将受到影响；当发生距离缩短到 500 光年时，地球上的所有植物将遭到严重破坏，食物链将会瓦解。

幸运的是，超新星只有极少一部分能够伴随伽马暴，而每 100 次伽马暴中仅有不到一次的辐射会指向地球方向。迄今科学家发现的所有伽马暴都远在银河系之外，距离很遥远。美国俄亥俄州立大学的研究人员给我们带来更令人放心的消息：超新星爆发及其伴随产生的伽马暴通常发生于那些处于演化早期、尚有许多超大质量恒星存在的星系，而银河系已经是一个演化相对“成熟”的星系了，因而我们拥有一个非常安全的居住环境。同时，在可预见的未来，可能会形成超新星并产生伽马暴的恒星也都位于远离地球的位置。这对于天文研究或许并非乐事，但却是地球和人类的福音。

不过，地球在过去的岁月中可能遭受过伽马暴的“洗礼”。据科学家推算，地球在过去 50 亿年间遭遇过一次致命伽马暴事件的概率达到 90%，过去 5 亿年遭遇的概率也有 50%。尽管难以确认，但是伽马暴可能是导致 4.5 亿年前的奥陶纪大灭绝事件（第一次生物大灭绝）的原因之一。这个事件致使 85% 的海洋生物灭绝。由于彼时地球的磁场和大气不及现在稳定，所以对辐射的抵御能力十分有限。

伽马暴甚至可能是人类还未发现外星生命的一个原因，这些外星生命或许已经被意外的伽马暴毁灭了。据科学家估计，由于伽马暴的存在，只有 10% 的星系可能适宜类似于地球生命的存在。

引力波带来的宇宙交响乐

十多亿年前，距离地球数百万个星系之外，两个大约 30 倍太阳质量的黑洞如同爱侣般围绕着彼此旋转了亿万年，它们逐渐接近，最后惊天动地地碰撞合并为一体。在不到一秒的瞬间，有 3 个太阳的质量转化成了引力波的能量向外辐射，峰值功率甚至比可观测宇宙中所有星系发出的总光度还要高十倍以上，激起了一阵时空的涟漪。由此产生的引力波向四周传播，一路上随着距离衰减。大约五万年前，当智人开始成为地球上最主要的人猿时，这一阵引力波到达了银河系。大约 100 年前，地球上最聪明的科学家之一——爱因斯坦预言了引力波的存在。20 多年前，一个寻找引力波的巨大探测器——激光干涉引力波天文台（Laser Interferometer Gravitational-Wave Observatory，LIGO）在地球上开始建设。2015 年 9 月 14

图 1-11　引力波带来的宇宙交响乐

图 1–12　双黑洞

日，这阵引力波终于到达了地球，并被 LIGO 捕捉到。

2016 年 2 月 11 日，美国 LIGO 项目科学家宣布，人类首次直接探测到了引力波。这不仅成为黑洞存在的无可置疑的明证，同时也证实了恒星级双黑洞系统的存在。黑洞不再是科幻作品中的神奇物体，人类将以最直接的方式观测黑洞以及宇宙的信息。

爱因斯坦在一百年前的预言终于得以证实，人类迎来了引力波的新纪元，从此人类拥有了感知宇宙的新能力。这就好比以前人类都是聋的，现在却忽然能够听到来自宇宙的声音。引力波将带领人类倾听星辰大海之声。

引力波是什么？

广义相对论，一言以蔽之就是：物质告诉时空如何弯曲，而时空告诉物质如何运动。当物质的分布改变时，时空也会发生相应变化，就好像在平静的湖面丢下一粒石子，湖面就有一圈波浪向外荡去，时空也会将涟漪向外传开，这就是引力波。

这种波动可能源于一颗曾经光华璀璨的恒星燃烧殆尽时的超新星爆发，也可能是中子星令人眼花缭乱的旋转，抑或是两个黑洞围绕对方越转越近的舞蹈直至碰撞合并。引力波携带着关于波源的信息，因而可以被当作窥探宇宙深处的工具。如果人类能够截获这些信息，就能利用全新的手段研究各种天体，如黑洞、中子星等。

尽管爱因斯坦对引力波的存在做出过预言，但他当初认为引力波太过微弱而无法被探测到，也并不相信黑洞真的存在。虽然困难重重，但还是有一批科学家锲而不舍地开始了寻找引力波的百年征程。美国科学家雷纳·韦斯和基普·索恩等想到了用光来作为尺子探测引力波。然而，这种探测仪器远比普通望远镜复杂得多。

在美国华盛顿州和路易斯安那州，科学家用又长又粗大的管道建造了 LIGO 引力波探测器，每一对管道形成一个巨大的字母“L”，向外延伸长达 4 千米。这些管道内部就像太空一样是真空的，管道的每一端都悬挂着镜子，有连续不断的激光束在它们之间往返穿梭。

当引力波经过时，就会挤压管道其中一臂，导致此臂两端的镜子相互靠拢，而另一臂的镜子则彼此分离。1 毫秒后，随着引力波继续传播，这种效应就会反转，被压缩的臂变为被伸展，而原本被伸展的臂变为被压缩。激光束不断测量反射镜之间的距离，将这个循环变化记录下来。实际上整个过程比这样的简单描述还要复杂千万倍。

引力波引起的臂变通常是微米的万亿分之一，为了能够观测到如此微小的波动，引力波科学家可谓煞费苦心，他们要尽可能地消除天文台附近的环境干扰。从附近疾驰而过的汽车到极其微弱的地震，各种因素都有可能成为影响引力波测量的噪声。这就好比要在极其嘈杂的狂欢盛宴中分辨出用牙签在杯子上敲出的摩尔斯电码一样艰难。

如果说 400 年前伽利略第一次将亲手制造的望远镜指向夜空，人类开始用眼睛欣赏宇宙的瑰美，那么如今的引力波探测，让人类开始学会聆听宇宙的交响乐。引力波的频率很宽，就好像交响乐中分低音、中音、中高音和高音一样。针对不同频率，科学家采取了不同的探测手段，科学目标也不尽相同。

图 1–13 引力波就像时空中的涟漪

宇宙乐章的低音

（1）探测目标：原初引力波。

（2）引力波频率：最低。

（3）解码：它的波长与整个宇宙的尺度差不多大，所以只能通过对宇宙大爆炸后遗留的光子场信号（即宇宙微波背景辐射）来寻找它。

2014 年 3 月，美国哈佛史密森天体物理中心宣称在南极观测到了原初引力波，但随后又发现出错了。

要从杂乱无章的各种引力波中辨认出带有宇宙大爆炸初期引力波留下的独特标记，的确太困难，需要不断发展灵敏度更高的实验来找寻。

（4）探测计划：南极 BICEP2、西藏阿里观测项目。

宇宙乐章的中音

（1）探测目标：超大质量黑洞并合时发出的引力波。

（2）引力波频率：在百万分之一到亿分之一赫兹。

（3）解码：这种事件往往发生在星系与星系相撞的后期。两个星系中心数百万到数亿太阳质量的巨大黑洞在相互绕转的最后阶段发出浩瀚的引力波信号。可是人类能建造的探测器太小了，哪怕把整个太阳系都当成探测器都无法测量到。于是科

宇宙乐章的中高音

（1）探测目标：两个相互碰撞之后的星系中心数百万到数亿太阳质量的巨大黑洞最终并合过程、超新星爆炸、银河系内的双中子星系统和双白矮星系统等。

（2）引力波频率：十万分之一到 1 赫兹。

（3）解码：这类引力波信号探测的手段也是蛮拼的：发射数颗卫星，在太空形成阵列。著名的激光干涉空间天线（Laser Interferometer Space Antenna, LISA）作为欧洲空间局批准的大型空间实验卫星项目，将为实现这个目标再努力约 20 年，计划 2035 年左右开始收集数据。其首颗技术验证星 LISA pathfinder 于 2015 年年底由欧洲空间局送上太空。

（4）探测计划：LISA、太极、天琴等。

学家想出一个绝妙的方法：利用校准后的毫秒脉冲星。这种自然界天然的时钟精度可以达到原子钟的级别，若干这样精确校准的毫秒脉冲星在宇宙中排成校准源的一个庞大阵列，天文学家利用地面上的大型地面射电望远镜作为探测器监视着宇宙中可能经过的时空涟漪。

（4）探测计划：500 米口径球面射电望远镜 (Five-hundred-meter Aperture Spherical radio Telescope,FAST)、平方公里阵列望远镜 (Square Kilometre Array, SKA）等。

宇宙乐章的高音

（1）探测目标：中子星、恒星级黑洞等致密天体组成的双星系统相互绕转到最后并合。

（2）引力波频率：几十到几千赫兹。

（3）解码：这就是人类第一次直接探测到的引力波信号，探测手段是地面数公里的激光干涉装置。

（4）探测计划：激光干涉引力波天文台（LIGO）、德国汉诺威的GEO600引力波观测站、意大利比萨的处女座（Virgo）引力波探测器等。

就在2015年9月14日人类历史上首次观测到的引力波事件发生0.4秒之后，美国费米伽马射线望远镜观测到了一起暗弱的伽马暴事件，持续大约1秒钟。尽管两者可能为巧合，但这一伽马暴事件看起来有可能就是由那两个黑洞并合而触发的。

然而，科学家们对此还有争议，并且其他伽马暴探测仪器都没有观测到这个伽马暴事件，事实上中国科学家刘元和张双南的理论计算也在几年前明确预言了两个黑洞并合不会产生能够观测得到的伽马暴。因此，科学家还需要更多数据才能够理解伽马暴和引力波事件之间的关系。科学家认为，未来几年内会有大量机会观测到类似事件的发生。

第二章

贪吃的黑洞

曾几何时，黑洞只是人们头脑中的虚幻之物，如今却成为宇宙中最神奇而不可或缺的成员之一。科学家对黑洞的研究刚刚拉开大幕，黑洞周围带着怪异的美感，黑洞还有许多未知的神秘。科学家更深入的探察将深藏于黑洞背后的秘密娓娓道来，黑洞更为精彩动人的情节即将上演。

图 2–1　黑洞还有很多未知的神秘

人类如何发现宇宙中存在黑洞？

黑洞这一术语是美国科学家约翰·惠勒在 1967 年的一个学术会议上使用后才正式被学术界接受的，而这个形象化的描述可以一直追溯到近 200 年前的一种概念。

1783 年，英国剑桥大学的一位教师约翰·米歇尔率先尝试预言引力的极端情况。根据牛顿公式，米歇尔计算出如果物体要逃离地球的引力，速度必须达到光速的十万分之四；要逃离太阳的引力，速度则要达到光速的千分之二。接着，米歇尔把自己的冥思苦想又向前推进了一步。他假设太阳的质量增加到现在的 500 倍，那么逃离太阳引力所需要达到的速度就等于光速。由此他提出，如果一颗恒星的质量足够大、密度足够高，那么恒星所具有的强引力场就有可能使光也无法逃逸。他猜想，对于遥远的观测者，更大质量的恒星将根本无法看到。

1796 年法国数学家拉普拉斯也得出了与米歇尔相类似的推论，他将这样的恒星叫做“暗星”或“隐星”。其实就是我们今天所说的黑洞。然而，那时的世界还没准备好认真地接受“暗星”的概念，让“暗星”继续孤独寂寞。

直到 1916 年，爱因斯坦发表广义相对论后不久，德国的卡尔·史瓦西提出存在一种足够致密的恒星，它会被自身的引力压缩，留下的只有引力场，恒星本身消失殆尽。史瓦西计算出与太阳质量相同的天体，临界直径大约为 6000 米。一旦这个天体的收缩超过这个临界值，就为自己在宇宙空间中挖了一个洞，消失在洞中。这个临界尺寸在天文学上被称为事件视界，标志着黑洞的边缘。事件视界的大小与形成黑洞天体的质量成正比关系。

1928 年一位名叫钱德拉塞卡的印度研究生赴英国师从于天文学家亚瑟 · 爱丁顿爵士。爱丁顿是一位广义相对论的行家。有一则有关他的故事是这样的：有人问爱丁顿，他是不是世界上仅有的理解广义相对论的三个人之一。爱丁顿对此的回答是："我正想这第三个人究竟是谁？"

钱德拉塞卡的计算表明，对于一颗耗尽能源的恒星来说，当它的质量大于太阳质量约 1.5 倍时，这颗恒星就不能抵抗其自身的引力作用而维持现状不变。现在，人们把这个质量称为"钱德拉塞卡极限"。

这一点对于大质量恒星的终极归宿有着极为重要的意义。如果质量小于钱德拉塞卡极限，恒星就会停止收缩，并安然成为一颗白矮星。对于质量超过钱德拉塞卡极限的恒星来说，当它们走到燃料耗尽这一步时是否会持续坍缩下去，直至密度达到无穷大呢?

爱丁顿对此感到非常震惊，他认为恒星绝对不可能会坍缩成一个点。这也正是当时大多数科学家的观点。就连爱因斯坦也拒绝这种惊世骇俗的观点，他发表过一篇文章，断言恒星不会坍缩为零尺度。这些意见促使钱德拉塞卡放弃了他的思路。

1939 年美籍犹太裔物理学家罗伯特 · 奥本海默和他的学生哈特林德 · 斯尼德首先在理论上提出了黑洞是广义相对论的自然结论。奥本海默自己也着实为广义相对论这种超出想象力极限的结论大吃一惊。他的结论表明，借助当时的望远镜不可能探测到任何结果。后来，第二次世界大战爆发，奥本海默全身心投入到原子弹计划中去了。

从科学史上看，一种理论首先借助数学模型进行非常详细的推导，之后才通过观测取得证据以说明它的正确性，这种情况为数不多，而黑洞可算是其中一例。

1963 年，美国加利福尼亚帕洛马山天文台的一位天文学家马尔滕 · 施密特发现了一个暗弱的恒星状天体，它位于名为射电波源 3C273 的方向上。他测得这个天体的红移惊人的大，意味着它的距离非常遥远。在这么远的距离上还能看到它，说明这个天体必须非常明亮，并且它所发出的能量必然大得出奇。

这之后，科学家又陆陆续续发现了若干类似的"类恒星状天体"，即类星体，它们都有很大的红移。类星体如此大的能量来源是什么？唯一能解释得通的机制是引力坍缩，而且不是一颗恒星的坍缩，而是星系整个中央区域的坍缩。当时的科学家没有马上找到答案，还要等数年后才发现类星体与巨型黑洞的关系。

1967 年，脉冲星的发现对当时相信有黑洞存在的少数科学家来说是非常鼓舞人心的。这是中子星存在的第一个明确无误的证据。中子星的半径只有恒星转变为黑洞所需临界半径的几倍大。如果一颗恒星可以坍缩至如此小的尺度，那么由此推想其他一些恒星坍缩到更小尺度并成为黑洞就未必没有可能了。

1971 年世界上第一个 X 射线天文卫星乌呼鲁（Uhuru）的观测证实了黑洞的存在。第一个被科学家认定为黑洞的是被称作天鹅座 X-1 的天体。它距离地球约 6000 光年，是天空中一个很强的 X 射线源。天鹅座 X-1 是一个双星系统，由一颗超巨星和一颗致密星组成。X 射线是由可见的超巨星表面抛出的物质产生的。随着抛出物向不可见的伴星下落，展现出某种漩涡式运动，就像水从浴缸中流出来一样，而且变得非常炽热，发出高能量 X 射线。从观测到的可见恒星的运动状况，可以确定不可见天体的最小质量。就天鹅座 X-1 来说，它的质量是太阳质量的近 10 倍，科学家判断它必然是一个黑洞。

有关这个黑洞还有一件趣闻。1975 年英国物理学家霍金已经有 80% 的把握认为天鹅座 X-1 是一个黑洞。尽管如此，他还是与美国加州理工学院的黑洞科学家基普·索恩打赌，霍金赌天鹅座 X-1 里没有黑洞。霍金说，这对他而言是一种保险策略。关于黑洞，他已做了大量工作，如果最终发现黑洞并不存在，那么所有的这些工作都白费了；但是一旦赢得他的赌注，即获赠四年的《私家侦探》杂志，他还能得到些许安慰。最终在科学家认定天鹅座 X-1 是黑洞之后，霍金赔给索恩一年的《阁楼》杂志。

从 18 世纪 80 年代产生关于黑洞的初步猜想，到 20 世纪下半叶大量天文观测证据的出现，人类花费了 200 年才接受了黑洞存在的事实。这期间大部分时间里，人们或忽视或批判有关宇宙中存在这种奇怪天体的想法。如果没有少数科学家对自然怀有的强烈的好奇心与探索精神，人类就不可能发现并认识黑洞。

图 2-2 霍金与索恩打赌

看不见的黑洞怎样现形？

神秘如幽灵般的黑洞不会发出任何光辐射，那么怎样才能探测到它们呢？这似乎有点像在煤窖里寻找一只黑猫。幸好，我们还是有办法的，黑洞周围的情况泄露了它们的存在。

方法一：柴郡猫的笑容

虽然我们看不见黑洞，但是它就好像《爱丽丝梦游仙境》中会露出牙齿的柴郡猫一样，通过强引力所导致的时空扭曲展现它的“笑容”。远方天体发出的光线在黑洞附近会被弯曲，黑洞扮演了引力透镜的角色。

爱因斯坦的广义相对论预言了这种效应，对于一个大质量天体而言，比如黑洞或者星系，会产生强大的引力场，使周围时空弯曲得更加剧烈，包括光在内的任何东西都会受到强大引力场的影响。

图 2-3　柴郡猫的笑容

理论上，来自遥远背景星系的光线在途经前方星系或者黑洞产生的引力场时，发生了扭曲而形成“弧形”。天文学家认为引力透镜不仅能让我们了解到遥远宇宙（背景星系）的情况，还可能包含着前景星系中央超大质量黑洞的信息。

方法二：星星绕着谁跳舞？

正如米歇尔在 1783 年他那篇开创性论文中所指出的那样，黑洞的引力会对附近天体产生影响。天文学家已经观测到一些天体系统，其中的两颗恒星因彼此间的引力吸引而做互绕运动。天文学家也发现，在某些这类双星系统中只能看到一颗恒星，它绕着某个不可见的伴星做轨道运动。

此外，在绝大多数星系的中心都存在着一个超大质量黑洞。正如地球绕着太阳转动一样，星系中的恒星也都在围绕着这个超级黑洞旋转。

1995 年起，天文学家开始对银河系中心区域附近的 90 颗恒星进行轨迹观测和记录。这些记录显示：所有恒星都围绕着一个黑暗的中心运动着。在 20 年的时间里，这 90 颗恒星中的一颗名为 S2 的恒星完成了一次完整的绕行。根据 S2 的轨道数据，科学家终于计算出了银河系中心这个黑暗天体的基本数据：质量约为太阳质量的 430 万倍，半径约为 0.002 光年。这样一个高密度不发光的天体只可能是黑洞。

方法三：一贪吃就露馅

当黑洞吞噬恒星等物质时，这些物质会被黑洞的巨大引力撕扯成气体，并在黑洞视界外围形成一个旋转的气体吸积盘，其中气体一边旋转一边向视界靠近，最终被吸入黑洞。吸积盘中气体在做高速旋转，越靠近视界转速越快，高速气体之间的摩擦会产生大量的热，使吸积盘中心部分气体温度惊人的高并发出强烈的辐射。科学家可以通过探测这些辐射，推断黑洞的存在。

有的黑洞处于双星系统中，而另外一个天体是正常的恒星，在这种情形下，正常恒星的物质会被黑洞强大的引力吸引过去。这些物质不会直接掉入黑洞中，而是会首先进入黑洞周围的吸积盘中，某些时候吸积气体的量过多，不能被黑洞全部吞掉，还会沿着黑洞的两个转轴将多余的气体抛射出去，产生非常壮观的喷流。正是由于吸积盘和喷流的存在，它们都能够产生电磁辐射，我们利用地面或者太空的望远镜就可以探测到黑洞的存在。

方法四：看不见还可以听

2015 年 9 月 14 日人类首次探测到引力波，从此拥有了感知宇宙的新能力，通过时空涟漪聆听宇宙天体弹奏的交响乐。而那次探测到的引力波就来自两个黑洞的并合，这也是黑洞以及双黑洞系统存在的最有力证据。

两个黑洞组成的天体系统可能不会产生能够被探测到的电磁波辐射，因此引力波可能是目前研究双恒星级质量黑洞的唯一手段。引力波为人类打开了一扇研究黑洞的新窗口。引力波探测能够帮助科学家了解双黑洞系统在宇宙中的分布以及形成和演化机制。科学家认为，将来更高精度的引力波探测将有可能探测到黑洞内部的物质分布，从而理解它们的形成和演化历史，而这是其他任何天文观测手段都不可能实现的。

图 2-4　宇宙里的大胃王

宇宙里的大胃王

很多星系的核心都有一个黑暗的区域，与周围形成明显的反差。星系中心附近的恒星轨道速度很高，说明大多数星系的中心都集中了超大的质量，通常是在仅比太阳系稍微大一点的空间内集中了 10 亿倍太阳质量的物质，而目前已知的唯一能达到这种密度的天体就是黑洞。

尽管这种超大质量黑洞的引力极大，但在银河系附近的绝大多数星系中，黑洞周围的物质都长时间位于稳定的轨道上绕其旋转，而没有被吸进黑洞去。由于没有吞噬物质，这些黑洞保持着沉睡的状态。而一旦有气体云或其他天体接近黑洞，黑洞就会觉醒，把它们统统拉入其中，并加热产生辐射。偶尔会有一大团物质，可能是整颗恒星一头扎进黑洞，恒星会被完全撕裂，引起一波辐射暴，就好像在一团篝火上泼了汽油一样。

科学家之所以能够探测到从星系中心发出的高能量 X 射线和伽马射线，是因为星系中心的大质量黑洞在吞噬物质。科学家把这样的情况称为活动星系核，它们的主要特点是核心发出大量的辐射。

那么银河系中心的巨型黑洞是活动星系核吗？科学家认为，它以前可能就是一个活动星系核，并且有证据显示，中心黑洞以前可能曾经很活跃。1997 年，天文学家在银河系中心发现了一团发出伽马射线辐射的巨大气体云。观测到的辐射频率表明是电子与它的反物质——正电子相互湮灭时发出的。正电子可能是很久以前在银河系核心处物质下落到黑洞的过程中产生的，现在遇到了周围的电子，发生了湮灭，产生了被观测到的辐射。

图 2-5　科学家还不清楚黑洞的喷流是怎么产生的

天文学家还在银河系核球的巨型黑洞方向观测到了物质喷流，这种现象被认为是银河系中心黑洞的周期性的物质喷发，物质的质量被转化成人类所知能量最高的两种光线——X射线与伽马射线——构成的两道激流，一道向上、一道向下，就像两道灯塔的灯光一样。这两道激流的速度惊人，射向星系间巨大的空间，以及更远、更大的虚空，就像有一根手指将银河系当成戒指戴着一样。

活动星系核就是那些在星系中心正在大量吞噬物质的巨型黑洞，而其中活动最为激烈的是类星体。类星体的黑洞与普通星系中心的黑洞不同，它正在享受落入其中的丰富的物质盛宴。大量旋转落入类星体黑洞的物质在黑洞周围形成甜甜圈状的耀眼漩涡，产生比几万亿颗恒星所释放的能量总和还要多的能量。辐射激波将蒸发游弋在黑洞附近的任何恒星。剩下的恒星残骸和气体丝状物将旋转着落入黑洞，同时发出炽热的光，产生宇宙中无与伦比的令人恐惧的原始力量。即使恒星侥幸跑到黑洞附近，黑洞也并不急于一口吞下整颗恒星，因为一颗注定要被黑洞吞噬的恒星不能完整地进入黑洞视界。它会先被黑洞的潮汐力拉长，然后被撕裂成面条状，最后一条条地落入黑洞，产生大量的辐射。

所有星系中心都聚集了大量的恒星和气体云，但是为了能够产生一个类星体核心所喷发的辐射，大约每年要消耗几千个地球质量或者等效为一颗恒星质量的尘埃与气体。

拥有丰富物质供应的黑洞是一个胡吃海塞的大胃王，它们急速地吞噬着不幸落入其势力范围的所有物质。然而，它们吞下的远多于它们所能容纳的，多余的物质就转化为两道垂直于吸积盘的喷流，大致位于黑洞辐射两级的上空。科学家目前还不了解为什么黑洞不能消化所有落入其中的物质，但双喷流现象在很多类星体和拥有活动星系核的星系中都存在。在某些情况下，硕大的物质云被抛出黑洞，直至几百万光年外，比地球到仙女星系的距离还远，这远远超出了黑洞的引力范围。

类星体似乎代表了星系诞生后的一个很短的阶段。在此时期，星系中央区域物质的轨道混乱交错，中心黑洞能从落入的恒星、气体和尘埃中获得持续的物质供应。当黑洞清除了这些物质后，具有稳定轨道和安全距离的物质被保留下来。由于能源缺乏，黑洞逐渐平静下来，停止了活动，类星体就变成了银河系这样的正常星系。但是一旦这些星系发生碰撞而有新的物质被送入黑洞，它们仍会重新活跃起来。

第三章

前方高能！

“遂古之初，谁传道之？上下未形，何由考之？”两千多年前，诗人屈原以一首雄奇的《天问》发问宇宙起源。对于现代物理学而言，无论理论的推导和计算有多么精密和富有想象力，最终的证据都来自第一手的观测资料。洪荒又无垠的宇宙，正是求取“万物之道”的最佳实验室。

神秘荧光打开了一扇窗

X 射线是原子中的电子在能量相差悬殊的两个能级之间跃迁而产生的辐射，它的波长很短，约为 0.001 ～ 10 纳米，要远远小于可见光的波长。X 射线是由德国物理学家威廉 · 康拉德 · 伦琴于 1895 年发现的，伦琴因此成为荣获诺贝尔物理学奖的第一人。如果 X 射线不能被肉眼观测到，那么伦琴又是怎么发现它的呢？伦琴最初的研究目标是阴极射线，而非 X 射线。而早在伦琴之前，世界各地已经有很多学者在陆续研究阴极射线了。可惜，或许是少了那么一点点追问和探索的精神，他们都与这项伟大的发现失之交臂。

1858 年，波恩大学的普吕克教授在密封的特制玻璃管两端装上金属电极，再把管内空气抽出来，这时在电极上通电、加上高压，电极之间便产生了放电现象，还有一道奇怪的“光线”出现在阳极和阴极之间，并在阴极对面的管壁上留下了绿色荧光。这束奇异的荧光后来被命名为“阴极射线”。

然而，很长一段时间里，科学家们都没搞清楚“阴极射线”到底是什么。他们不断改进实验装置，发现了“阴极射线”的很多特性。德国维尔茨堡大学的校长伦琴也是研究队伍中一员。

1895 年 11 月 8 日，伦琴进行阴极射线的研究已一年有余。这一天，他像往常一样，晚饭后又回到学校的物理研究所，一头扎进实验物理的海洋中。为了观测阴极射线，他把房间全部弄黑，还用黑色硬纸给放电管做了个封套。当给放电管通上高压电后，阴极射线如期出现了。不过，伦琴却意外发现，2 米以外的荧光屏上也出现了蓝白色的光。当时，大量实验已经证明，阴极射线穿不透玻璃，只能行进几厘米远。这是不是一种还没有被发现过的东西？伦琴克制住内心的兴奋，仔细检查了房间里的实验条件，并用更多的黑纸把放电管包裹起来，不断重复上面的实验，荧光屏一直亮着。伦琴确信这是种不为人所知的新射线，便将它取名为 X 射线。

伦琴在实验中发现 X 射线可穿透千页书、几厘米厚的硬橡皮、2 ～ 3 厘米厚的木板、15 毫米厚的铝板，可是 1.5 毫米的铅板几乎就完全把 X 射线挡住了。他偶然发现 X 射线可以穿透肌肉照出手骨轮廓，有一次他夫人到实验室来看他时，他请她把手放在用黑纸包严的照相底片上，然后用 X 射线对准照射 15 分钟，显影后，底片上清晰地呈现出他夫人的手骨像，而且手指上的结婚戒指也很清楚。这是一张

图 3-1 伦琴发现了 X 射线，人们借助 X 射线可以透视骨骼

具有历史意义的照片，它表明人类可借助 X 射线隔着皮肉去透视骨骼。伦琴就 X 射线先后发表了三篇论文。

X 射线与放射线、电子一起被称为 19 世纪末 20 世纪初物理学的三大发现，它的发现标志着现代物理学的诞生。

迈向布满 X 射线的深空

由于地球大气的吸收，对天体的 X 射线观测只能在地球大气层之上进行，这依赖于探空火箭和卫星技术的进步，所以起步较晚。

1962 年，美国科学家里卡尔多 · 贾科尼利用探空火箭首次发现了第一个太阳系外 X 射线天体，即天蝎座 X-1，不久又发现了另外两个 X 射线天体，其中一个后来被证实为著名的蟹状星云（Crab Nebula）。从此，在光学波段和射电波段之外，人类又开启了一个认识宇宙的新窗口。

1970 年，由贾科尼领导研制的第一个 X 射线天文卫星在肯尼亚发射升空，因发射当天正值肯尼亚独立 7 周年而得名“乌呼鲁”（兹瓦西里语“自由”）。“乌呼鲁”卫星实现了 X 射线巡天，确定了约 350 个 X 射线源，包括第一个黑洞候选天体——天鹅座 X-1。“乌呼鲁”卫星的观测取得了极大成功，被认为是 X 射线天文学发展史上的一座里程碑，贾科尼也因此获得了 2002 年的诺贝尔物理学奖。

20 世纪七八十年代，各国还相继发射了一系列 X 射线天文卫星，包括英国的“羚羊5”、荷兰天文卫星、美国的小型天文卫星3号、高能天文台1号和高能天文台2号（又名“爱因斯坦”卫星）、欧洲的X射线天文卫星、日本的银河卫星等。其中，1978年发射的“爱因斯坦”卫星首次采用了掠射式技术，能够对X射线源进行成像，是1970年代取得成果最多的X射线卫星。

20世纪90年代，意大利和荷兰共同研制的BeppoSAX卫星发现了伽玛射线暴的X射线余辉。德国、美国、英国联合研制的伦琴卫星（Röntgensatellit, ROSAT）从1990年6月投入使用以来，首次在软X射线波段进行了巡天观测，在9年时间里新发现了十几万个X射线源。

1993年，日本发射的宇宙学和天体物理高新卫星（Advanced Satellite for Cosmology and Astrophysics, ASCA）首先将电荷耦合元件（Charge-Coupled Device, CCD）用于X射线成像和能谱观测。美国的罗西X射线时变探测器虽然不能成像，但是因为有效面积大，能够探测X射线源的快速光变。

1999年，两个重要的X射线天文卫星先后发射升空——美国的钱德拉X射线天文台和欧洲的XMM-牛顿卫星。

前者具有极高的空间分辨率和较宽的能段，后者则具有非常大的有效探测面积和较高的谱分辨率。它们是 21 世纪初 X 射线天文学主要的观测设备，取得了一大批重要的研究成果。

钱德拉 X 射线天文台被认为是 X 射线天文学上又一座具有里程碑意义的空间望远镜，标志着 X 射线天文学融入了天文学和天体物理学的主流，开始对几乎所有的天文学研究方向产生重要甚至是根本性的作用。它耗资 15.5 亿美元，为纪念美籍印度裔天体物理家钱德拉·塞卡而得名。它至今仍在天上运行，并取得了丰硕的观测成果，包括精确测量了若干黑洞的自转以及在星暴星系 M82 中发现了中等质量黑洞的证据等。

XMM- 牛顿卫星装备了三部 X 射线望远镜，让欧洲天文学界获得了诸多突破，如观测到迄今在遥远宇宙中看到的最大星系团。这个庞大的星系团证明了一种被称为暗能量的神秘力量的存在，而暗能量则可能加速了宇宙的膨胀。

进入 21 世纪，X 射线天文卫星的技术进一步发展。2005 年，日本发射了“朱雀”卫星。2012 年，美国发射了 NuSTAR 卫星，首次实现了硬 X 射线聚焦成像。此外，欧洲的国际伽马射线天体物理实验室和美国的“雨燕”卫星也安装有 X 射线观测设备。

从雪山到高空的"悟道"之旅

在北京玉泉路以北的一个质朴、安静的院落内，一座名为"无尽阴阳"的太极符号雕塑矗立在一处空地上，沐浴着晨光霞披，映照着日升月落，四季更迭。这里就是中国科学院高能物理研究所（简称"高能所"）。

雕塑基座上刻着美籍华裔物理学家、诺贝尔物理学奖获得者李政道的一首小诗：道生物 / 物生道 / 道为物之行 / 物为道之成 / 天地之艺物之道。这不禁令人好奇：高能物理和东方哲学为何能结合在一起？

在中国最早的思想家眼中，世间万物都隐藏着世界运行的奥秘，称为"道"。老子在《道德经》里写道："道生一，一生二，二生三，三生万物"，也就是"道生万物"。这部思想著作深刻地影响了中国人的"宇宙观"。我们相信，"天下万物生于有，有生于无""万物负阴而抱阳，冲气以为和"。用现代的观点理解就是：宇宙起源于"虚无"，但这个"无"是成对出现的，一阴一阳，各种阴阳排列组合，才产生了花花世界、大千万物。

有趣的是，现代理论物理学和天体物理学的发展已经可以讨论物理世界的"无中生有"，而目前科学能证实的物质存在，也暗合着阴阳的理念。

高能物理要探索的终极问题，就是宇宙万物之"道"。在这里，最微小的粒子与最大的宇宙结合在一起，可谓"上下而求索"。即使人类已经可以看到千万万亿分之一厘米，但也没寻到"头"；而宇宙大尺度观测已达到 130 亿光年（1 光年等于光线走一年的距离，约等于十万亿公里），但是依然没有看到宇宙的"边"。

自 1911 年赫斯发现宇宙线的近 100 年里，自然科学的两大理论体系——经典力学和量子力学不断被空间天文观测到的新现象刷新认知。但由于相关研究需要建造高灵敏度和大面积空间探测器，这一领域的突破必须有稳定的发展环境和经费作为支撑。

新中国成立后，中国高能天体物理研究迎来历史机遇。1950 年 5 月 19 日，中国科学院近代物理研究所成立，其后陆续更名为物理研究所、原子能研究所。1973 年 2 月，根据周恩来总理的指示，在原子能研究所一部的基础上组建高能物理研究所。

近半个世纪来，代表中国高能天体物理最高水平的"国家队"，用三代科学家的殚精竭虑，将从零起步的空间天文观测一步步领入黑洞、暗物质、暗能量等当今

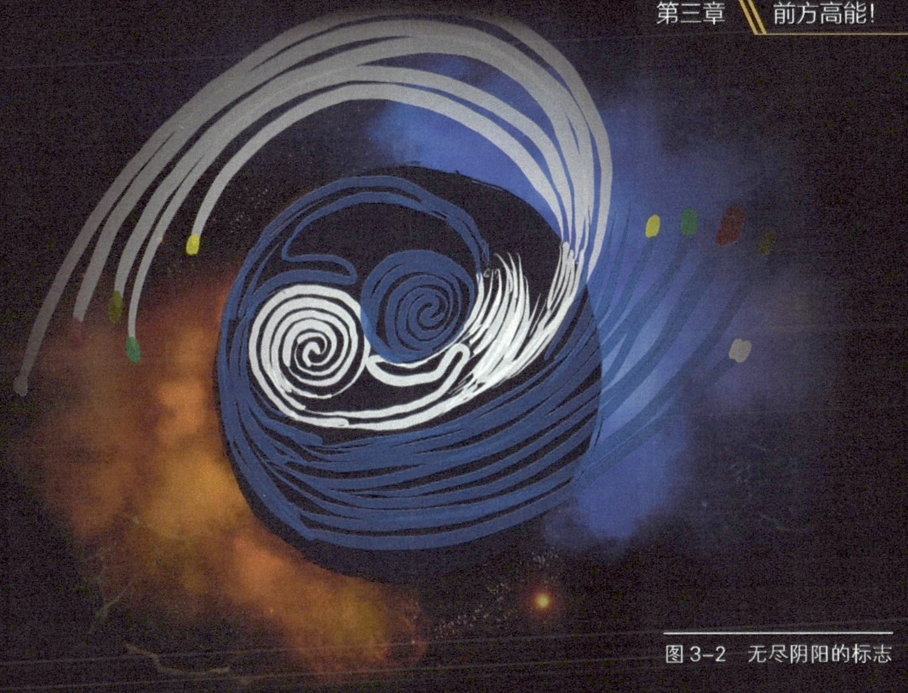

图 3-2 无尽阴阳的标志

最前沿的基础科学领域。

大道至简，知易行难。在中国科学院高能物理研究所历史资料馆内，一个破旧的木箱里放着一张手写于 1977 年的“工程清单”：YZ-413 相机一台、暗箱两支、暗盒八支、毛玻璃一块……工作人员已然很难回忆起署名“赵德忠”的人是谁，只知道他应该是千里辗转，从最早的云南东川落高山宇宙线研究站运回了这些设备。

从“问天”到“巡天”，从雪山云室到太空望远镜，一代代中国高能天体物理学家们用勇气和智慧开启了一场崎岖而壮丽的“悟道”之旅。

“守株待兔”的雪山云室

20 世纪 50 年代初，高能物理学家张文裕院士、核物理学家何泽慧院士、实验核物理学家萧健院士等注意到，一些国家已经在南极启动了早期宇宙线研究。1947 年 8 月 16 日，物理学家马丁 · 波默兰茨宣布放飞了 4 个携带宇宙线探测仪的气球。这促使中国科学家决心建立自己的宇宙线观测站。

1954 年，在云南东川一座海拔 3200 米的山峰上，中国第一个宇宙线实验室建成了，得名“落雪站”。从 1958 年到 1965 年的 7 年里，由三个大型云室组成的实验装备陆续建成，使得这一大云雾室成为当时世界同类装置规模最大、水平最先进的仪器之一。

虽然曾观测到“奇异粒子”和宇宙线弱径迹照片，但文革的爆发延缓了云雾室的发展。1972 年，落雪站首次观测到了“一个可能的重粒子事例”，引起了国际科学界的关注。但是，云雾室的原理基本就像“守株待兔”，只有极高能量的宇宙线正好射进来，才能捕捉得到，效率和精度都很难保证。

当时，欧洲核子研究中心等已经展开了高能加速器的研究。在此背景下，1972 年 9 月，周恩来总理指示高能物理和高能加速器的研究工作“这件事不能再延迟了”。其后，1973 年中国科学院高能物理研究所成立，并以云南落雪山宇宙线观测站的研究人员为主体，成立了宇宙线研究室，并从此以空间、地面、地下等多种探测手段开展粒子天体物理的实验研究。

直到 20 世纪 70 年代末期，矗立在雪山上的云雾室依然发挥着作用。中国科学院高能物理研究所研究员张承模清楚地记得，自己是 1975 年“上山”的，参与改造了云雾室的电子学系统，将以前笨重的电子管元件更换为半导体器件。由于山高路险，科研人员一“上山”就是一年多，蔬菜、大米都需要从海拔 2000 多米的铜矿区扛上来。

“当时我们有一个口号叫：头顶蓝天，脚踩白云，一定要把云雾室改造好。”张

承模回忆说，山上最大的敌人是寒冷和缺氧，一些身体差的人甚至会吐血。但这些年轻的物理学家颇具乐观精神，不忘观察松鼠、落地松，云雾氤氲中还会以歌声唱和。

随着时间的推移，云雾室观测手段的被动性和低效越发凸显。通常而言，来自宇宙空间的高能带电粒子流犹如子弹一般射入云雾室，触发了其中的过饱和蒸汽，发出巨大的爆炸声，与此同时，照相机会记录下该宇宙线的能量和方向分布，从而推断其起源。但是，云雾室无法屏蔽侧面的低能量射线或者其他干扰源，经常会有错误的触发发生。

新系统运行后的一年里，张承模和同事们值班时最主要的工作就是等待着巨大的爆炸声响起，其余时间就用看书打发时间。大家发现，真正的观测数据很少，有用的数据更是“少之又少”，根本无法形成具有国际影响力的成果。

与张承模同驻落雪站上的，还有年轻的李惕碚和顾逸东、时任宇宙线室主任的霍安详等。大家闲来无事，就聚在一起探讨要不要采取新的观测办法，下一步该怎么走。张承模记得，李惕碚总是团队中出主意的人，加上年少聪明，又总是胸有成竹，大家都亲切地唤他“摇扇的孔明”。

从云南落雪站回京后，以李惕碚、顾逸东为首的一批物理学家意识到：除了我们具有一定优势的宇宙线地面观测以外，一定要发展主动观测的手段，挺进空间天文观测的“高地”。

“HAPI”飞入平流层

1970 年，世界上第一台真正意义上的 X 射线空间望远镜被“乌呼鲁”卫星送上了太空。此举使得人们第一次“看见”了黑洞，也使得 X 射线成为研究黑洞周围时间、空间和物质的关键。

由于 X 射线无法贯穿地球大气，只能在大气层之上进行观测，李惕碚、顾逸东、吴枚等一批年轻人开始联络中国科学院大气物理研究所、空间科学与应用研究中心、紫金山天文台等，想通过建设高空科学气球系统，推动空间天文和其他空间科学探测在中国起步。1978 年 9 月，第一次高空气球工作会议在中国科学院高能物理研究所召开，著名核物理学家何泽慧先生公开表示支持。从此只要有新研制的气球或观测仪器进行飞行试验，她就必到现场。

如果说对宇宙间最高能粒子进行探测是一种技术挑战，那么把仪器设备安置在高空气球上飞入平流层进行天体物理观测则更为艰难。当时，美国、日本研制的高空气球能上升到含量不到 0.5% 的大气顶层。但是对于中国团队而言，无论是高空气球技术还是球载硬 X 射线望远镜系统，都需要从头做起。

在李惕碚的领导下，研究团队分成两队，一队由吴枚、陆柱国牵头，研制载荷探测器；另一队由顾逸东领衔，研究气球运载；此外，马宇蒨负责数据分析平台的建设。身在载荷团队的张承模回忆，一开始大家只能从日本、德国的书上一点点了解空间观测器的概念，寻找材料，即使是制作一个最简单的光电倍增管读出系统，也吃尽了苦头。

研制气球的运载团队也一样遇到了很大困难。没有计算机模拟计算升限、载重等设计参数，他们全靠纸笔运算，先把报纸一块块粘起来，像裁缝一样剪出需要的形状，再把它们拼成模型，最后据此将气球材料一块块剪下来，互相拼接成气球。

“零号”产品诞生于 1983 年中秋节。在河北省香河县，一个 3000 立方米的气球带着铝制吊篮充满了氢气，携带着被泡沫包裹严实的探测器第一次飞入了平流层！有趣的是，在这个探测器大功告成之际，大家就有了“舔犊”之心，商量着要给它起个名字，也为未来的系列探测器博个“好彩头”。最后，还是“孔明”李惕碚提议用“HAPI”，是英文 High-energy AstroPhysics

图 3-3 气球探天

Instrument 的缩写，也取“happy”的谐音，大家欣然同意。

不巧的是，由于风向变化，HAPI-0 在进行了为时 3 个多小时的观测后，向东飘过了国境，吹入韩国境内，就此渺然不知所踪。所幸，科学家们还是收到了探测器传下来的部分数据，进行了北京地区伽马射线的本底观测。由于这是首次取得第一手的空间观测数据，在场的每一个人都极为振奋。

1984 年 5 月 23 日，中国科学家自主研制的高空气球搭载 X 射线探测器 HAPI-1 在河北省香河县发放成功，气球体积 3 万立方米，飞行高度 33 千米，飞行时间 8 小时。七块晶体被适当加工后，拼装在直径 15 厘米的圆面上，构成了面积为 145 平方厘米的主探测器。它还可以通过地面指令实现对望远镜的指向控制。

这是中国第一个用于空间高能天文观测的硬 X 射线望远镜系统。在这次飞行中，它首次实现平流层高度上对蟹状星云脉冲星 33 毫秒周期信号的 X 射线观测，观测能段为 20 ～ 200 千电子伏。这也是 3 万立方米高空气球的成功应用。

1985 年 9 月 22 日，中国科学家首次成功发放 10 万立方米高空气球，用球载 HAPI-2 硬 X 射线望远镜幸运地观测到了黑洞候选体——天鹅座 X-1 的时间结构和能量谱。

1987 年，一颗超新星爆发，只有南半球能观测到，巴西是最好的观测地。当时，中国科学家尽管经费不足，但还是携 HAPI-3 硬 X 射线望远镜首次赴海外参与国际天文联合观测，目的就是学习巴西、英国、意大利、印度等国家同行的技术和放飞遥控经验。不走运的是，由于天气太热，中国的 3 个高空气球都被烤坏了，未能成功观测。好在此行顺便“出口”给英国两个高空气球，也算没有“空手而归”。

1992 年，李惕碚和吴枚提出了直接解调成像方法，通过在非线性约束下直接求解观测方程，充分利用观测获得的信息，实现高分辨成像。不少科学家认为，这一发现与复杂、昂贵的编码孔径成像方法相比，物美价廉得“难以置信”，但也有人对此表示怀疑。

为了验证直接解调方法，1993 年 9 月 25 日，高空气球搭载 HXMT 的球载试验样机“HAPI-4 望远镜”升至 36 ～ 38 千米的高空，对天鹅座 X-1 进行约 1 小时扫描观测。结果表明，HAPI-4 的成像质量优于大型编码孔径成像望远镜。

至此，HAPI 系列探测器完成了自己承前启后的使命。1993 年，硬 X 射线调制望远镜项目被提出，并在 2011 年 3 月正式立项。

“神舟”“嫦娥”“天宫”开启太空观测

1992年9月21日，中国载人航天工程启动，命名为“921工程”。其核心是“神舟”系列载人飞船，1999年要争取飞船上天。同年春节期间，在中国科学院高能物理研究所的一间颇为简陋的会议室中，大家热烈地讨论着要在近地空间开展什么样的科学观测，很快就决定要做宇宙伽马暴的观测。

按照计划，在“神舟二号”上搭载超软X射线、X射线和伽马射线探测器，目的是探测宇宙伽马暴的强度、发生方向、变化规律和在不同波段上的不同辐射等，一旦取得成功，就成为中国星载空间天文观测零的突破。而其中的X射线探测器可谓是HXMT望远镜探测器的原初设计。

当时，顾逸东被调入载人航天工程，成为载人航天应用系统的副总设计师，不久后担任总指挥、总设计师。张承模是X射线探测器的技术骨干之一，在主任设计师马宇蒨的领导下工作。他回忆，太空环境对探测器的技术要求、工程管理与地面“完全是两回事”。由于空间科学对仪器性能的要求近乎苛刻，无论是材料、环境适应性还是机械机构，中国科学家都缺乏相关经验。有时，科研人员常常感觉已到了已有技术的极限，但还仍然无法满足卫星任务的要求。

由于时间紧、任务重，加上经费不足，整个载荷团队面临着巨大的压力。有人提议，关键部件的探头干脆去美国买，结果一打听，一个探头加上运费就要近200万元人民币，探头起码需要六个，而整个项目的经费还不到500万元。如此一来，只剩“华山一条道”——独立研发。

在近8年的研制过程中，小到一个元部件，大到晶体的研制和封装，每一个步骤都没有任何现成的东西可以参考。制作完成以后还要做太空环境下的环境试验验证。因此，科研人员经常戏称自己是“小木匠”，什么都得会。

航天工程项目有句话叫：关键部件就有关键技术，关键技术就有关键工艺。这些关键环节全部由一种特殊的控制过程来进行管理，以确保绝对可靠、安全。为了技术攻关，科研人员“以所为家”是家常便饭，由于长期高强度的脑力劳动、频繁接触放射性物质等，他们的健康被损害，甚至有科学家为此付出了生命的代价。

1995年，该探测器关键部件的晶体封装在国内实验中始终达不到预定的探测效率，浪费了不少成品，最后只能去乌克兰封装。从HAPI系列一直负责工程管理的物理学家陆柱国十分懊恼，连续熬夜好几天，不断地做实验，想弄清楚怎么回事。结果，他在参加国际会议的途中因过度劳累诱发了脑溢血，不幸在莫斯科突然辞世。

当时，中国科学院高能物理研究所里的陆柱国和吴枚、顾逸东、马宇蒨被称为空间高能天体物理方面的“四大金刚”，是整个天文观测项目的顶梁柱。陆柱国的离去令同事们非常痛苦，张承模临时承担起陆柱国后事的往来安排，至今他都清楚地记得看到陆柱国遗体的那一刻，心情“难以用任何语言表述”。

2001 年 1 月 10 日，“神舟二号”发射升空，搭载了 64 件科学仪器设备，堪称“太空实验舱”。位于飞船头部的超软 X 射线、X 射线和伽马射线探测器成功观测到了近 30 个宇宙伽马暴和近百例太阳耀斑的 X 射线、伽马射线爆发事例。中国科学家首次获得了在地球以外 350 千米到 400 千米高度的空间天文观测数据，可谓意义非凡。

从“嫦娥”走向深空观测

2004 年，中国准备开展深空探测项目，展开了对“嫦娥”系列探月卫星的论证工作。在后来担任 HXMT 卫星有效载荷总指挥的王焕玉的领导下，中国科学院高能物理研究所的科学家们也参与了“嫦娥”系列探测器的研制。尽管已经有了“神舟二号”的空间探测经验，但要飞到距离地球 38 万公里、距离月面 200 公里的环月轨道，探测器的载荷和功耗还需要进一步缩减。

于是，中国科学院高能物理研究所决定采用更轻便的半导体探测器。当时，国内相关技术还是空白，研究团队就从芬兰、美国买来材料和部件，自己组装、调适，设计出 X 射线谱仪，用来探测月球表面到底有哪些元素。

这一过程并不容易。高能的宇宙射线和太阳的 X 射线来到月球时，会打入表面土壤的物质中，激发出不同的伽马射线和荧光 X 射线能谱，从而反演出土壤中有什么物质及其含量和分布。但是，各种物质被激发出什么样的能谱，必须在地面上就做好“数据定标”，这样才能加以对比。

经过 3 年多紧张的准备工作，2007 年，“嫦娥一号”对月球虹湾区进行了详细探测，获得了铝、镁、硅和一些稀有元素的特征谱线。这些发现不仅是中国首次获得第一手的月球元素数据，还将帮助人类探索月球的起源。

2010 年 10 月 1 日，空间高分辨率 X 射线谱仪随“嫦娥二号”发射成功。这一次，它可以直接在太空中开展定标工作，因此也变得更加精准、高效。它在月球轨道开机 195 天，通过数据分析获得了国际上首个基于 X 射线观测数据的全月铝元素分布。这一“跨越”最远的观测，还获得了我国目前分辨率最高的太阳 X 射线能谱，提高了人类对日地空间环境的认识。

2013 年 12 月 14 日，“嫦娥三号”卫星稳稳地“落”在月球上，对月面开展巡视勘察。若干个小时后，月球车“玉兔”与着陆器分离，迈开了历史性的“每一步”。在“玉兔”的机械臂前段，就是中国科学院高能物理研究所的科学家研制的粒子激发 X 射线谱仪（Alpha Particle X-ray Spectrometer,APXS）。

和之前探月探测器不同的是，APXS 可以利用机械臂上的激发源“主动激发”探测月表物质，再利用高分辨探头对产生的特征 X 射线实施“原位”探测。由于这一次观测距离月壤不足几厘米，加上可以实现即时的、在轨的标定，所以得到的元素能谱分辨率非常高。

这个不足 800 克的半导体探头还具备在极寒月夜里“自我保温”的生存技能。月夜的气温达零下 180 摄氏度，在这种极低温下，任何电子学元件都不能工作。因此，科学家们除了让它在收拢时能穿上暖和的“羽绒服”，还让同位素热源（Radiation Heating Unit，RHU）充当“暖宝宝”，确保探头能安然度过月夜。

历经高空气球、飞船、月球探测之后，可以想象的是，X 射线探测器还将在火星等深空探测项目上发挥更大作用。

图 3-4　月球车展开机械臂进行探测

“天宫二号”上的“小蜜蜂”寻找宇宙中最闪耀的爆炸

一枚外观像一盒方形蛋糕，而被科学家昵称为“小蜜蜂”的探测器“趴”在2016年9月升空的“天宫二号”顶部，用它复杂的“眼睛”寻找宇宙中最闪耀的爆炸——伽马暴，帮助人类理解这激烈又短暂的瞬间灿烂是如何产生的。

“小蜜蜂”的大名叫天极，英文名POLAR，学名是伽马暴偏振探测仪。它能对宇宙伽马暴和太阳耀斑高能辐射进行高灵敏度偏振观测，开辟了伽马射线天文探测的新窗口。

“天宫二号”上的伽马暴偏振探测仪是专门用于测量伽马暴偏振的高灵敏度探测器，它是由中国科学院高能物理研究所牵头，瑞士日内瓦大学、瑞士保罗谢尔研究所、波兰科学院核物理研究所参加的国际合作项目，通过测量伽马暴或太阳耀斑的偏振等特性，为更好地理解宇宙中极端天体物理环境下最剧烈的爆发现象产生的机制做出了重要的贡献。

该项目首席科学家张双南说，“小蜜蜂”的重点是探测伽马暴的偏振。“我们希望精确探测伽马暴偏振信息，希望通过这个仪器能够把伽马暴产生的过程看得更清楚。我们另外一个重要任务就是研究引力波产生的时候是否有伽马暴。这样我们就可以知道产生引力波的事例究竟是怎么回事。这个研究是很有趣的。”

他说：“这个探测器可以被称为望远镜，但它跟一般的望远镜不一样，有很多敏感的元件用来探测偏振，类似于蜜蜂和蜻蜓等昆虫的复眼，所以我们给它起名叫‘小蜜蜂’。探测器由1600根塑料闪烁棒组成一个阵列，犹如1600个小眼组成一只复眼。”

“小蜜蜂”对伽马射线偏振的测量能力比国际上其他现有仪器强10倍以上。它随“天宫二号”发射上天后的半年里已经探测到几十个伽马暴。科学家预计“小蜜蜂”在两年的运行期里可以探测到几百个伽马暴，并对其中部分较亮的伽马暴的偏振做出精确测量。

虽然这十几年来人们对伽马暴的研究取得了长足的进步，但是有关伽马暴的一些基本问题还是没有得到很好的解决。对伽马暴瞬时辐射偏振的研究可以为解答关于伽马暴的许多问题提供新的线索。虽然对伽马暴、伽马射线偏振的测量具有十分重要的意义，但是由于仪器能力的限制，目前国际上的观测结果还非常少，而且没有任何一个测量结果达到了科学意义上的确认程度。也就是严格来说，目前世界上还没有关于伽马暴、伽马射线偏振的有效测量结果。

约30千克重的“小蜜蜂”包括电控箱和偏振探测器。偏振探测器部分安装于“天宫二号”的舱外，指向天空，可以有效地捕捉到伽马暴过程中产生的伽马光子。电控箱安装于“天宫二号”的舱内，主要负责为偏振探测器提供低压电源、控制数据传输、和卫星平台应用系统之间进行通信等。

张双南说：“10 年前征集“天宫二号”的科学载荷时，我们提出了一个概念：在‘天宫二号’上做伽马射线、X 射线、可见光的多波段探测仪器来观测伽马暴。后来中法有一次国际合作机会，法国也恰好提出了进行伽马暴探测，于是就有了中法伽马暴探测卫星。在卫星上允许放更多的仪器，灵敏可以更高、探测能力更强，这颗卫星预计将于 2021 年发射。另外，我们就想在‘天宫二号’重量允许的范围内做一个有特色的仪器，因而就有了‘小蜜蜂’这个探测仪。”

“这样的仪器从来没有人做过，任何第一次做的事情就会遇到原来没有想到的困难。但是技术问题总是可以解决，我们遇到最大的问题是文化上的，因为这是一个国际合作项目。欧洲的航天工程理念以及管理与中国不同，不同文化之间产生了问题。中国的航天管理对质量和进度的控制非常严格，工程的理念较强。我们团队没日没夜没有假期地加班加点是家常便饭，但是欧洲那边就很难做到，但是他们到了中国就没有了假期，而且要和我们一起加班熬夜。中国的空间环境实验比欧洲苛刻得多。但另一方面，有些欧洲的工艺中国没有，国际合作也使得中国的工艺水平得到了提升。”张双南说。

天文学的发展向来是由观测驱动的。望远镜和探测器是天文学这辆火车的车头。天文学家一方面把望远镜做得更大、更灵敏，让火车跑得更快，同时还在思考如何修建新的铁路、开凿新的隧道，让火车可以领略不同的风景。伽马射线偏振观测就是这样一条新铁路，科学家努力了 40 多年仍未取得完全成功，但可以预见在不久的未来，伽马射线偏振观测将为科学家的研究带来一片全新的天空。

宇宙线的探测有空间、地面、地下等多种方式。事实上，中国科学家除了运用 HXMT、POLAR 等空间天文平台项目，也在通过地面、地下的方式探索宇宙的本源。

同样自 20 世纪 80 年代起，科学家们筚路褴褛，在青藏高原羊八井地区建起了国际宇宙线观测站，还要在四川稻城海子山建设高海拔宇宙线观测站（Large High Altitude Air Shower Observatory，LHAASO），不间断地全天扫描来自太阳系以外的高能量粒子。其中，LHAASO 是世界上高能探测灵敏度最高、甚高能伽马射线巡天探测最灵敏的宇宙线观测站之一，有望与国际上三大宇宙线实验一起，共同挑战宇宙线起源的世纪之谜。

所有的伟大都源于勇敢的开始。

第四章

活捉黑洞、脉冲星……

晴好的夜晚，天上繁星点点，我们被寂静温柔的夜色包围着。宇宙真的是眼前所看到的这样一副宁静安详的面孔吗？如果我们有一架特殊的X射线望远镜，透过它，我们将看到宇宙狂野、暴躁的一面：星星被撕裂、黑洞吞噬星星、脉冲星疯狂旋转、宇宙深处猛烈的爆炸……

中国终于拥有了自己的太空望远镜

在我们宋朝祖先目睹了那颗超新星爆发将近 1000 年后，中国人终于可以用自己制造的太空望远镜探究神秘的黑洞以及宇宙各类爆发奇景。这枚太空望远镜就是中国研制的第一颗空间 X 射线天文观测卫星——硬 X 射线调制望远镜（HXMT）。

这是一架来之不易的太空望远镜，凝聚了几代中国科学家的智慧与心血。HXMT 的发射升空，将带动中国天文学研究整体发展，推动空间天文其他领域的发展。中外科学家是如何评价它，又对它寄予了怎样的期待呢?

（1）HXMT 卫星地面应用系统副总设计师屈进禄:

这颗卫星的诞生充满挫折，我们期待它很久了。我们在参加完一次学术会议回京的大巴车上，当听说卫星被批准立项时，整车人都沸腾了，高兴得不得了。

我以前用欧美的卫星来做分析研究，但是使用他们的二手数据就像是捡漏，要想从中有发现，就要花费很多时间和精力，寻找与别人不同的角度，而且用别人的卫星观测，还要提出申请，人家还不一定批准。如今，要用自己卫星的第一手数据来做观测研究，我们终于有了当主人的感觉。我们的科学目标、思想可以尽快实现，这让人非常兴奋。

（2）HXMT 卫星有效载荷高能望远镜主任设计师刘聪展:

硬 X 射线调制望远镜是中国自主研制的第一颗 X 射线空间天文卫星。在此之前，中国天文学

图 4-1　宇宙真的是眼前这样一副宁静安详的面孔吗?

图 4–2 透过 X 射线望远镜，我们将看到宇宙狂野、暴躁的一面

家利用国外的 X 射线望远镜的数据开展了深入而广泛的理论研究和数据分析工作，但是一直没有自主的第一手数据，HXMT 的研制和发射将彻底改变这一现状，提高中国在 X 射线天文领域的地位。

（3）中国科学院“百人计划”引进人才、青年科学家熊少林：

在高能天体物理领域，中国与国外还有很大差距。硬 X 射线调制望远镜对中国天文发展太重要了，我们几代科学家在这个项目上花费了很多精力，非常希望它能成功。

天文学首先是观测科学，几乎所有的天文进步都是依靠观测手段的突破来实现的。以前中国没有自己的空间望远镜，我们所有的分析研究都是使用国外的卫星数据，我们没有一手的数据，好的科学成果人家都做完了，我们只能去他们的历史数据库中发掘。我们怎样才能有原创的重要成果呢？唯一的出路就是我们要自己制造仪器去观测。

国际同行对我们的望远镜很感兴趣，因为我们的望远镜有很多突出的特色，在某些方面有世界领先的性能：我们的望远镜探测面积大，能够探测到更多的信号，就能做别人做不到的研究，发现更多新现象；对于同样的天体，我们可以看到更多的特征；我们的卫星视场更大，就像一个广角镜头，对银河系的扫描效率更高，更容易发现天上很多毫无征兆的暂现源，很多有意思的新发现都来自暂现源。这样，我们取得新发现的概率更大，有可能是完全新鲜的、很奇怪的、闻所未闻的现象，我们很期待这种发现。

图 4–3　电磁兼容性（Electromagnetic Compatibility, EMC）试验中的 HXMT 卫星

（4）中国科学院国家天文台研究员、《星际穿越》中文版译者团成员苟利军：

尽管由于硬 X 射线调制望远镜的立项、研制和发射不断被推迟，中国错失了很多科学发现的机会，但无论如何，这是中国第一个真正意义上的太空望远镜，中国在 X 射线天文领域迈出了第一步，通过它中国学会了很多空间望远镜的研制以及运行经验。虽然天上已经有了很多国外非常强大的 X 射线望远镜，但是这颗卫星还是有可能做出一些重要的新发现，因为宇宙总是充满了意外。

（5）HXMT 卫星有效载荷总设计师卢方军：

从中国科学家最初提出这颗卫星的设想到现在已经过去 20 多年，早期提出的很多科学目标，例如全天巡天以发现更多超大质量黑洞，已被国外的卫星抢先实现了。现在这架太空望远镜在科学上的重要性是对 X 射线双星系统的研究，另外它可能发现很多珍贵的爆发现象，能观测亮源的光谱变化。

中国科学家以前都是用国外的卫星数据开展研究，中国只有拥有了自己的空间望远镜，才能形成“科学思想—概念—设计—产品—数据—科学发现”这样一条完整的科研链条。只有这样，我们的学科发展才是健康的。

我们卫星的使用是开放的，中国所有的科学家，包括中国香港、台湾的科学家，都可以提出观测提案，经过评审入选，就可以用望远镜去观测，并且提出提案的科学家对观测数据拥有优先使用权。这颗卫星为中国科学家提供了一个平台，为他们的科学研究提供了机会，将促进中国空间天文科学的发展。

（6）HXMT 卫星地面应用系统总指挥、HXMT 卫星有效载荷总指挥王焕玉：

硬 X 射线调制望远镜卫星是基于我国科学家创建的直接解调成像方法设计的首颗高能天文卫星，具有大天区高灵敏度扫描成像的技术优势，承载着几代科学家的追求与梦想。它采用先进的成像方法与简约新型探测器相结合的独特设计理念，实现了科学观测能力和探测器换代的大步跨越。它成功推进了我国高能天体物理前沿研究和技术突破，使我们掌握了当代硅基 X 射线探测器、低噪声多路专用集成电路设计和应用、高可靠星载软件工程化、先进宽能段 X 射线标定装置研发等核心技术；同时培养了一支既有工程化理念又具创新意识且善于国际合作的科技队伍，为在不远将来，使我国高能天体物理实验研究进入国际先进行列并在部分前沿方向国际领先打下了坚实的基础。

（7）HXMT 卫星首席科学家、中国科学院高能物理研究所粒子天体物理中心主任、中国科学院粒子天体物理重点实验室主任张双南：

HXMT 赶上了国际 X 射线天文的巅峰，HXMT 将和国际上史无前例的多颗先进的空间X射线天文卫星同“天”观测，既有竞争又有联合观测研究，是挑战也是机遇。因此，现在是中国空间天文、尤其是 X 射线天文发展的最好时期。

我曾在美国任教，但是国外教材上看不到中国科学家的贡献，这让我很难受，我希望改变这种状况。

中国科学家以前都是用国外的数据做研究，由于仪器不是我们的，所以受到很多限制。国外的科学家看到得早一些，但是中国科学家更努力一些，所以也还能出一些好成绩。这说明中国是有人才的，如果我们能有自己的观测数据，而且数据质量比较好的话，那么在这个领域我们可以进一步提升整体水平。

中国第一颗 X 射线天文卫星的成功研制为中国空间天文科学研究以及未来更先进的空间 X 射线天文仪器的研制、标定测试和科学运行等方面打下了良好的基础，也必将为中国空间科学的全面发展和基础科学的发展做出重要贡献。

（8）中国科学院院士、HXMT 的最初提出者李惕碚：

我们在 20 世纪 90 年代初期提出这个卫星，如果当时及时立项，花费五年到十年时间研制出来发射上天，就可以取得很多世界第一的新发现。但即使现在才发射，我仍然对它取得重要的科学新发现充满希望，原因是：第一，基于扫描观测和直接解调成像方法的大天区高灵敏度成像技术优势仍然存在，能够比国外的卫星更有效地发现各种新的瞬变天体和爆发现象；第二，比起当年的设计，这颗卫星的功能大大扩张了，原来就是一架高能望远镜，现在我们增加了中能和低能探测器，它是在X射线波段首次集中了大探测面积、宽能量范围、高能量分辨和对强源观测不出现光子堆积效应的空间探测器。

从科学发展的角度看，我们这颗卫星更重要的意义还在于：第一，它是第一个经过公开的科学和技术评审遴选出来的空间科学卫星项目；第二，在这么长时间的研制过程中，组建并成长了一支非常好的技术和科学研究队伍，这是学科未来发展的宝贵基础。

（9）中国科学院院士顾逸东：

中国空间科学起步于1957年。几十年来，通过卫星搭载、载人航天应用、探月工程任务和少量科学卫星任务以及大量的理论研究取得了显著的进步，具备比较坚实的学术基础和研究积累，学科布局完整，各领域学术和基础理论研究较强。

但总体来看，中国空间科学活动规模小、投入不足，总体水平与国际水平相比有较大的差距。迄今为止，中国在空间科学领域还没有国际公认的重大科学贡献。科学发现只有第一，我们必须有紧迫感。

中国应将空间科学的跨越作为今后中国航天领域和基础科学发展的主要突破口之一，争取经过15～20年的努力，使中国空间科学整体跨上新台阶，进入世界先进行列；努力在若干重点领域取得有重大影响的领先科学发现和突出成就；使中国成为国际上有重大影响的空间科学大国。

HXMT卫星相关的基础可以追溯到20世纪80年代初开始的高空气球载空间硬X射线观测实验，其研制成功是几代科学家几十年共同努力的结果，为中国科学家在高能天体物理研究中取得创新性成果提供了观测设备保障；同时，也为未来更高性能的空间天文观测设备的研制奠定了重要的技术和人员队伍基础。我了解到，高能所正在领导开展两个大型国际合作空间高能探测项目的预研，并取得了很好的进展。两个项目中的一个是争取搭载在中国空间站的空间高能宇宙辐射探测设施（High Energy cosmil-Radiation Detection, HERD），另一个是增强型X射线时变与偏振空间天文台（enhanced X-ray Timing and Polarimetry mission, eXTP），这充分体现了HXMT在空间科学发展中的作用。

（10）中国科学院国家空间科学中心主任吴季：

自1970年成功发射第一颗人造卫星——“东方红一号”卫星以来，中国已发射各种应用卫星100余颗，建立了较完整的多种应用卫星体系，在空间技术与应用方面并不落后，具备了进入空间和应用空间的能力，并逐渐发展成为世界航天大国。然而，长期以来“重技术、轻科学”的态度，造成了中国“既是航天大国，又是空间科学小国”的尴尬现状。目前在空间科学领域，中国科学家主要使用国外科学卫星公开发布的数据。由于数据首先被国外科学使用，这种“寄人篱下”的研究工作很难产生重大原始创新成果。中国要成为真正的强国、自立于世界民族之林，就绝不能只考虑眼前的利益，而是要为人类做出中华民族应有的贡献，才能获得世界人民真正的尊重。硬X射线调制望远镜作为中国科学院空间科学先导专项第一期的收官之作，对于改变我国空间高能天文研究长期依赖于国外卫星观测数据的状况具有重要意义。

（11）中国科学院副院长相里斌：

空间科学研究是空间活动不可或缺的重要内容。全世界的空间探索活动中，有近 1/3 是开展空间科学研究，而中国空间科学才刚刚起步。近年来，中国航天发射数量逐年增加，2016 年达到 20 余次，位居世界前列。但是，中国在空间科学领域与美国等航天强国的差距仍然很大。

硬X射线调制望远镜卫星，将实现宽波段大天区X射线巡天，具有独特的观测黑洞、中子星等高能天体多波段快速光变的能力，将加深对致密天体和黑洞强引力场中动力学和高能辐射过程的认识，使中国高能天体物理观测研究进入国际先进水平。

（12）意大利费拉拉大学教授、国家天体物理研究所科学家菲利普·弗龙特拉：

这颗卫星将为中国高能天体物理的进步提供有利的工具。中国的空间项目令人印象深刻。我希望中国能够通过这一计划成为空间科学的领导者并获得巨大的科学与经济收益。可以预见空间任务确实需要发展高新技术，而这些技术随后可以应用在很多领域，如医用物理、信息技术等。

（13）欧洲空间局科学理事会科学支持办公室主任阿温德·帕马：

HXMT 要通过X射线研究黑洞、中子星等，这是全世界科学家都感兴趣的题目。HXMT 将与已经发射的多颗X射线卫星一同工作，每一颗卫星都有各自的优势。欧洲空间局与中国有很长的合作历史，包括双星计划。HXMT 发射升空并开始工作后，将有很多机会与欧洲空间局的几颗卫星开展联合观测，这比一颗卫星单独观测对科学研究更有好处。我对中国发展空间科学印象深刻，近两年发射的暗物质粒子探测卫星、量子卫星以及未来的发射计划都显示出中国有能力并致力于发展科学。

（14）德国图宾根大学天文与天体物理研究所科学家安德烈·圣安杰洛：

硬 X 射线调制望远镜对中国高能天体物理的发展将产生深远影响。虽然这是中国的项目，但具有国际视野，它将带领中国进入 X 射线天体物理和空间科学的国际领先行列。如同其他国家已有的先例，在 HXMT 研发过程中获得的专业技术以及对卫星数据分析产生的科学知识将使下一代学生和年轻科学家在理解高能宇宙中发挥重要作用。

HXMT 的研究将聚焦在发出明亮 X 射线的天体源，特别是它对宽波段能量的观测能力将帮助我们研究宇宙中非常怪异的天体。由于 HXMT 能覆盖很宽的波段，我们将能从多个方面观测释放 X 射线的天体，由此科学家将不再是盲人摸象，或者摸到鼻子或者摸到尾巴，而能从头到尾了解大象的全身。

（15）意大利航天局资深科学家保罗·焦米：

中国未来的空间科学卫星将更为复杂，更具有竞争力。这些卫星与地面科学设施必定将使中国成为空间科学知识的重要生产者之一。

（16）美国哈佛－史密森天体物理中心教授乔纳森 . E · 格林德雷：

HXMT 既是中国也是世界高能天体物理的重要进展。中国在空间科学领域正迅速进步。HXMT 将是空间高能天体物理学的重要延伸，它将与其他已经运行或计划中的空间项目形成互补。

科学家给 HXMT 卫星起了一个名字，叫“慧眼”。实际上，科学家团队及卫星工程研制团队为卫星酝酿了 6 个名字：凤舞、天巡、星海、慧眼、仙女、天镜。通过网上投票的方式，最后从排名靠前的 3 个名字中选择了“慧眼”。选这个名字是 HXMT 科学家团队的心愿，用来纪念我国天体物理奠基人之一何泽慧院士，希望这架空间望远镜能如她的眼睛一样，寻找高能天体的美丽风景；同时，也希望这个科学家用智慧打造的观天利器慧眼如炬，能穿过星际物质的遮挡发现黑洞。

看见惊心动魄的宇宙

中国首架 X 射线太空望远镜将为我们展现宇宙波澜壮阔的图景，揭示出星空中潜伏着的极端炽热的高能宇宙，讲述繁星不断上演的生与死的故事，让我们得以窥视宇宙中稍纵即逝的惊鸿一瞬，并解答许多前所未知的宇宙奥秘。

硬 X 射线调制望远镜能够在很宽的 X 射线波段上开展大天区的巡天成像，具有独特的观测黑洞、中子星等高能天体的能力，科学家将利用它巡视整个银河系中的 X 射线源，详细研究 X 射线双星和脉冲星，并监测伽马暴。科学家希望能够通过它解开黑洞演化、中子星强磁场等剧烈天文过程中的种种谜团，研究极端引力条件下的广义相对论和极端密度条件下的中子星物态，以及极端磁场条件下的物理规律等重要基础科学问题，这些都是现代物理学有可能获得突破的重要方向。

“我们将使用这个望远镜对银河系进行非常详细的大天区扫描巡天，预期会发现一些新的黑洞活动，使我们可以研究的黑洞和中子星对象大大增加，也会带动地面上光学、射电望远镜对这些天体的观测。”HXMT 卫星首席科学家张双南说，“与国际同类的 X 射线天文望远镜相比，我们的卫星探测面积大、能区宽、视场大，因此在探测比较亮的黑洞和中子星时就有优势，对银河系扫描的效率高。我们选择的科学目标，都是针对仪器的这些特点。”

“科学家对黑洞、中子星、伽马暴的很多基本情况还不清楚，我们只是确定了一些天体是黑洞、中子星。黑洞是广义相对论预言的天体，发现黑洞能证明广义相对论是成立的，但是要想进一步研究广义相对论的细节，它是不是在所有情况下都成立，就要在各种条件下进行检验。地球上的引力比较弱，而黑洞附近的引力是宇宙中最强的，因此在黑洞附近能够更好地检验广义相对论。所以我们要在黑洞周围观测物质的行为、产生的辐射等，看其与广义相对论计算的情况是否相符，这是我们想做的研究。”张双南说。

巡天遥望一银河

银河系内有着为数众多的黑洞和中子星，它们有的不发出可见光，有的被厚厚的尘埃所遮挡，需要在 X 射线波段观察才能发现。由于硬 X 射线调制望远镜有较大的视场，对银河系进行 X 射线巡天是其最重要的使命。它将对银道面、银心和核球进行大天区扫描巡天和监测。

其他国家已发射的卫星所开展的巡天观测中，已经发现了不少 X 射线源，那为何 HXMT 还要再次开展巡天工作呢？这是因为绝大多数 X 射线源都是变源，会不定期发生剧烈的耀发，不是一两次巡天就都能发现的。有些源可能一年出现几次，有些甚至可能几十年才出现一次。新的巡天无论是发现新的 X 射线源，还是发现原有源的新活动，都是有意义的，能告诉我们很多关于源的信息。因此 HXMT 将会反复开展巡天扫描，及时探测到银河系内天体源的耀发，研究其宽波段 X 射线辐射的性质，并及时引导国内外的相关设备开展多波段联合观测，探究这些天体活动的奥秘。HXMT 将一方面观测已知源的新活动，理解天体高能活动的多样性；另一方面发现新的变源，理解高能天体源的多样性。

“由于国外的卫星已经做过了很多全天的扫描，因此我们的重点是对银河系银道面扫描，因为银道面上的中子星和黑洞通常都是活动的、会变化的，任何时候观测都会有新的发现。”张双南说，X 射线观测卫星是空间天文起步的领域，现在是历史上 X 射线卫星最多的时候。这些仪器都不一样，研究重点不一样。X 射线天体源的种类很多，而每一个天体源都被不同的望远镜在不同时刻观测，因为用不同的仪器能看到它们不同的表现方面。天上黑洞、中子星那么多，但是现在还没有把哪一个彻底搞明白，所以会不断有卫星来对它们进行观测。

HXMT 卫星有效载荷总设计师卢方军说，调制望远镜将对银道面进行经常性的扫描观测，发现新的（暂现）X 射线源，获得其宽波段（1 ～ 250 千电子伏）X 射线辐射性质，并在发现这些源处于爆发态的时候指向其进行高精度的定点观测，组织其他空间和地面望远镜对这些天体源进行多波段联合观测。

银河系内已知的大部分处于双星系统中的中子星和黑洞都处于银盘面、银心方向和核球，而且在 X 射线能区存在不同时间尺度的活动性。历史上每一次银盘面、银心方向和核球的巡天和监测都发现了已知源的新活动以及新（类型）的瞬变源，形成国际多波段、多天文台和天地一体化观测的热潮。

“有些源要进行监测性观测，也就是要反复地看，看它有没有变化；有些是高精度观测，即一次看很长时间，积累足够的统计学数据；还有一些是机遇性研究，比如说别人看到了新的天体，或者我们在银河系巡天当中发现了新的东西，这个时候我们就会中断常规任务，去对这些目标来进行比较详细的观测。”张双南说。

揭秘闪亮伴侣

宇宙中最明亮的 X 射线源是银河系中包含有黑洞或中子星等致密天体的 X 射线双星。它们大部分都是变源，观测其光度随时间的变化（时变）非常重要。由于聚

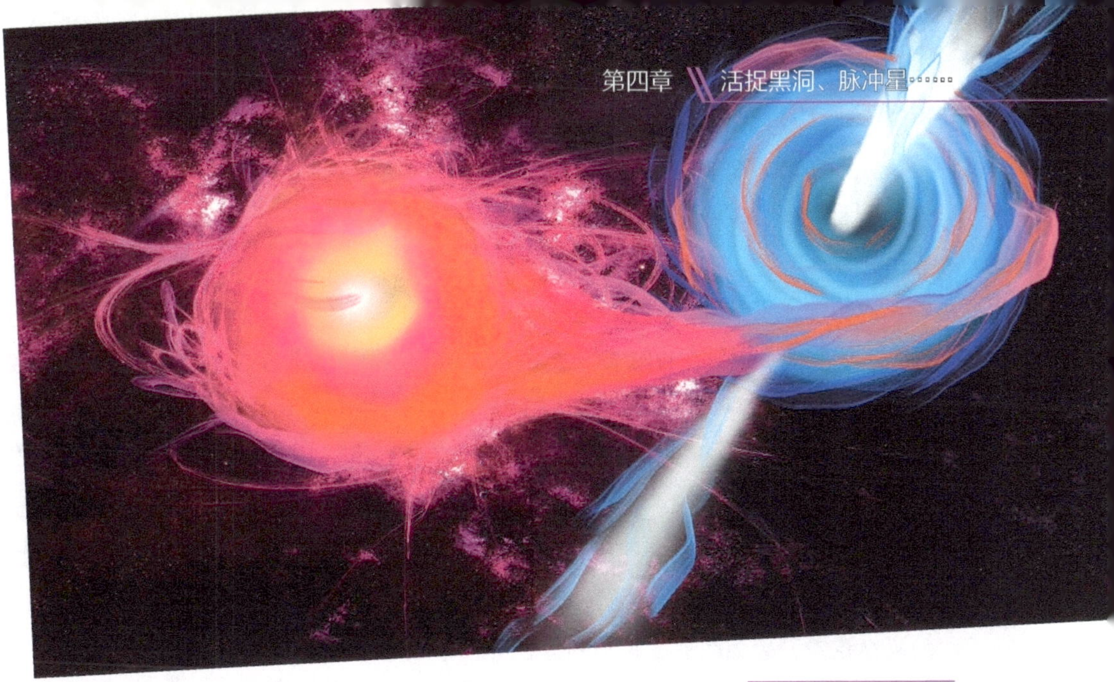

图 4–4 揭秘闪亮伴侣

焦型望远镜观测亮度很高的源时信号容易饱和，所以聚焦型望远镜很难对亮度很高的源做详细的研究。而硬 X 射线调制望远镜没有镜头，信号不会饱和，探测器面积还很大，可以对亮的源做非常细致的研究，能够观测到亚毫秒级的时变。同时调制望远镜的观测能段为 0.1 万～ 25 万电子伏，能谱范围达 250 倍（通常光学望远镜不到 2 倍），可以在很宽的 X 射线波段内做精细研究，完成以前需要多颗卫星同时观测的任务。

在 X 射线双星里，致密星吸积伴星物质，强大的引力势能转化为辐射能释放出来，就产生了 X 射线。但其中许多具体细节仍有未解之处，比如吸积是如何进行的，X 射线耀发时究竟发生了什么？

在吸积盘上越是靠近致密星，物质运动得越快，其温度越高，产生的 X 射线能量也就越高。因此，当 HXMT 观察吸积盘不同能段的时变，就能够比较全面地掌握吸积盘的结构信息，从中就能理解在最极端的引力场中物理规律将以何种面貌表现，进而掌握黑洞自转情况等科学信息。

尽管每一个 X 射线天文卫星都对几个经典的 X 射线天体做了大量的观测，但是由于缺乏同时的宽波段、高统计量、高时间分辨率和良好能量测量的观测，一些基本问题仍然不清楚。因此，需要 HXMT 对这些经典 X 射线天体如天鹅座 X–1 等约 20 个重要天体进行宽波段高统计量、高时间分辨率和良好能量测量的观测。

探究黑洞为何发脾气

首席科学家张双南说：“我们的重点是研究黑洞和中子星，因为中子星的数量多，所以中子星的观测时间会比较多，但是我们更关心黑洞。”

“黑洞非常有趣，它们的现象非常丰富，能产生 X 射线等各种辐射，还有可能产生高能宇宙线以及强烈的喷流。科学家很好奇黑洞究竟在干什么。现在人类只有二三十个黑洞的样本，如果我们能发现更多当然好，对已经发现的我们也希望能研究得更清楚一些，找到黑洞只是开始。科学总是越研究就会发现不理解的越多，因而要进一步研究。”张双南说。

那么这颗卫星重点关注黑洞的什么特点呢？

张双南介绍，黑洞有时很冷静，有时脾气很暴躁。如果一个黑洞什么都不干，谁也看不见它。但是它周围有点东西，往黑洞里落的时候，跑得越来越快的物质会造成气体密度越来越高，温度非常高，就会产生 X 射线。物质质量或结构不同，就会产生不同的 X 射线。科学家正是通过 X 射线来了解黑洞的性质。不同的黑洞其周围的物质分布是不同的，物质如何掉进黑洞的表现也是不一样的。有时候黑洞会非常暴躁，物质落的速度非常快，最极端的现象就是产生伽马暴，落入黑洞的物质太多就产生了极端相对论喷流。

当黑洞处于很暴躁的状态时，它产生的 X 射线流强特别高。其他国外的卫星可以非常灵敏，但是适合看弱光，遇到 X 射线特别强时信号就会饱和了。比如钱德拉 X 射线望远镜就适合看安静的黑洞。而 HXMT 在有些能段的有效探测面积是有史以来最大的，虽然它不能聚焦，但是特别适合看暴躁的黑洞和中子星。

“我们对银河系的扫描也是要看黑洞的脾气到底怎么样，因为以前只知道有些黑洞突然就发脾气了，但为什么，我们不知道，因为还没有对它们进行长时间的研究。所以我们希望对银河系、银道面的黑洞和中子星做比较详细的普查。有的黑洞也许每年发脾气三次，有的可能四年发一次脾气，或者每次发脾气的程度不一样，到底是什么原因造成的，我们就想了解这些情况。”张双南说。

中国科学院“百人计划”引进人才、青年科学家熊少林说：“我认为未来天文学向前一大步的进展很可能来自对黑洞的研究。为了更靠近黑洞视界以及穿透尘埃遮挡，需使用 X 射线波段。我希望能看到黑洞的 X 射线相片，也就是对黑洞视界及周围物质进行成像，一睹其真容。这有可能在 50 年之内实现，希望我这辈子能赶上。”

为脉冲星号脉

脉冲星同时具有超强的引力场、电磁场（强度甚至可达地球磁场的上千亿倍）和核密度，其引力、电磁相互作用力、弱相互作用力、强相互作用力这四种基本力都处于极端条件下，可谓极端物理的天然实验室。通过研究脉冲星的 X 射线辐射，将可以测量其表面的磁场强度，研究高密度、强磁场下物质的性质。

张双南说："我们还并不知道中子星的内部是什么，只是理论预言过恒星演化会形成这样一种天体，里面的物质主要是以中子为主。后来人类发现了脉冲星，认为脉冲星就是中子星。一颗中子星的质量是太阳的 1.5 倍，直径 10 公里，密度跟一个原子核的密度差不多。我们现在物理理论还不能很好地描述这种状态下的物质，因为地球上的实验室尚达不到这样的密度，因而我们只能进一步去观测，提出各种理论模型。

人类之所以能观测到中子星，是因为它的磁场非常强，我们在实验室里能制造出的最强磁场只有几个特斯拉，而中子星表面的磁场比地球上最好的实验室所制造出的最强的磁场强度至少高百万倍，强到它周围的真空都成为晶体。这样的物理规律是有理论预言的，但这个理论是否正确，要通过观测来验证。另外，中子星可能是已知宇宙中能量最高的加速器，所以很多无法在地球上的加速器开展的实验可以通过观测中子星来研究。

高速的转动、猛烈的吸积和超强的磁场都可能成为 X 射线脉冲星的能量来源，但科学家至今对它们的本质仍不太了解。例如，反常 X 射线脉冲星和软伽马射线重复暴被认为是具有极强磁场的、年轻的孤立中子星，但过去的观测基本局限在软 X 射线波段，对它们在硬 X 射线波段的辐射知之甚少。毫秒脉冲星自转周期在毫秒级，也就是每秒能自转数百周的中子星，此前也没有在硬 X 射线波段开展过系统的研究。在这些领域，HXMT 将大有可为。

HXMT 卫星地面应用系统副总工程师宋黎明说，脉冲星的脉冲是怎么来的？现在还没有彻底解决。脉冲星周围有很强的磁场，磁场是怎么来的？它和内部结构有什么联系？有的脉冲星从射电波段就能探测到辐射，有的主要辐射在 X 射线波段，有的在伽马射线波段，脉冲星的辐射机制是什么样的？ HXMT 卫星能为解决这些问题提供支持，推动这些研究的进展。

HXMT 卫星有效载荷总设计师卢方军说，对脉冲星的周期长期监测，有助于我们发现形式更多、表现更丰富的活跃星，从而解决脉冲星（尤其是超磁星）的能量来源之谜。

追踪伽马暴与引力波

伽马射线是能量最强的电磁辐射，它在星空中的耀发预示着宇宙中最极端的事件的出现。在规划之时，硬 X 射线调制望远镜并没有涉及伽马暴的问题。但随着研制的开展，研究团队发现利用高能探测器中用于排除背景干扰的碘化铯晶体，可以很好地接收 20 万～ 300 万电子伏的伽马光子，恰好可以补充国际上监测伽马暴的卫星在这一能段能力的不足。于是，通过改变探测器的光电倍增管的高压，使其上延到 300 万电子伏的能区，就能让高能探测器摇身一变，成为世界上这一能段面积最大、视场最宽的探测器。

HXMT 卫星有效载荷总设计师卢方军说，在正常工作模式下，主探测器只能测量 600 千电子伏以下光子的能量。为了覆盖更高能区，高能主探测器特意增加了伽马暴工作模式，通过降低光电倍增管的高压，使得对软伽马射线光子的能量测量可以向上延伸到 300 万电子伏。为了不对正常的观测产生影响，只有在被观测天体被地球遮挡或者该观测不需要主探测器的时候，才启动伽马暴工作模式。

科学家预计 HXMT 每年能发现近 200 个伽马暴，并对它们的能谱做出精密的测量。

张双南说，我们现在对伽马暴只有一个大致的图像，很多细节不清楚。伽马暴在爆炸过程中能量是怎样释放出来的，我们并不知道。我们之所以能看到伽马暴，是因为其有喷流。伽马暴的喷流几乎是光速，与整个地球差不多质量的物质几乎以光速在奔跑。伽马暴怎么能够以这么高的速度把这么多物质抛射

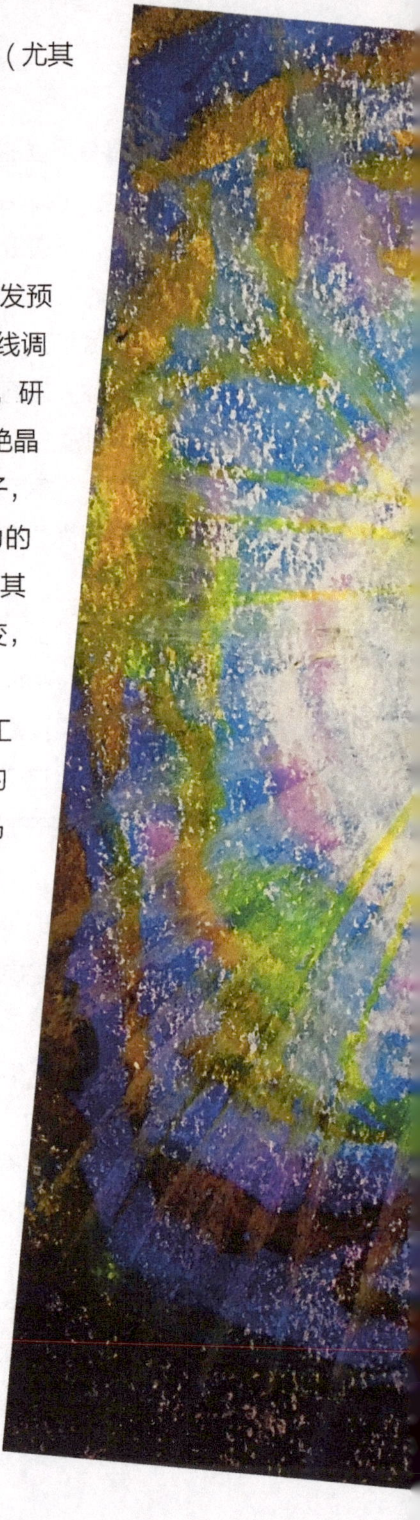

出来，我们都不清楚。

熊少林说，伽马暴距离我们非常遥远，目前已探测到的最远的伽马暴比超新星还远。通过伽马暴可研究恒星、星系和宇宙三个层次上的物理现象和规律，近年来一直都是天文领域的热点。它与引力波也有联系，目前普遍认为持续时间较短的一类伽马暴（称为短暴）是由两颗致密星并合产生的，包括两颗中子星或者一颗中子星和一个黑洞。恰恰这种双致密星并合也能产生强烈的引力波信号，是 LIGO 等引力波探测器的主要探测目标，换句话说伽马暴很可能是双致密星并合产生的引力波事件的电磁对应体。

张双南介绍，硬 X 射线调制望远镜对伽马暴的追踪，还能够与引力波研究相关联。“引力波被探测到之后，使得伽马暴的研究更加重要了。现在引力波爆发事件已经探测到好几个了，相当于‘听’到了它们的信号，但是没有‘看’到这个过程中发出的光，也就是没有找到所对应的天体。我们做天体物理研究的知道，如果只在一个波段观测，往往

图 4–5　伽马暴

信息是不完整的，所以我们非常希望‘看’到引力波产生的时候也有 X 射线、伽马射线或其他波段的信号，因为这些我们已经熟识的电磁波信号能够帮助我们更好地认识引力波。”

科学家希望能够找到产生引力波的天体，最好是通过天文的途径来确认引力波。如果天文观测给出类似的信息，就能成为引力波确凿的证据。比如美国天文规划中，认为天文领域诺贝尔奖级的重大突破就是探测到引力波及其对应的电磁波信号。

寻找引力波电磁对应体是极为重要的，需要利用各种望远镜对产生引力波的区域进行搜索，在引力波大致产生的区域，看是否能观测到奇怪的现象，例如与引力波同时产生的伽马暴。2015 年 9 月 14 日美国 LIGO 探测器在人类历史上第一次探测到引力波的同时，费米伽马射线空间望远镜也观测到了一起疑似的伽马暴。有人认为这是引力波的电磁对应体，两者是由同一个事件，也就是双黑洞并合产生的。但很多科学家对这种关联性是否存在、乃至这个伽马暴本身是否成立都有所怀疑。

HXMT 监测伽马暴的有效面积将是费米伽马射线空间望远镜对应仪器有效面积的 10 倍。同时，HXMT 与“天宫二号”上的“小蜜蜂”探测伽马暴的能力形成互补。“小蜜蜂”每年能探测到 100 多个伽马暴，而 HXMT 一年可观测到将近 200 个，因而在今后若干年引力波电磁对应体的搜寻中，有可能取得一锤定音的效果。如果确实发现了引力波的电磁对应体，可以说将成为 HXMT 项目最精彩的科学成果。而要是地面观测持续发现引力波，但 HXMT 就是无法发现对应的伽马暴，也能说明之前那些能产生伽马暴的引力波模型是错误的。而张双南和他的学生刘元几年前提出了一个模型，预言了黑洞并合产生引力波暴的过程中不会产生明亮的伽马暴或者其他电磁波辐射，如果看到了这样的辐射，产生引力波暴的天体必须包含至少一个中子星。对引力波的电磁对应体的搜寻将是对各种理论模型的强有力检验。

张双南说：“我们已经加入 LIGO 引力波对应体搜索国际团队，今后 LIGO 探测到引力波，会在对公众发布之前，在内部通知我们在某个时刻、某个方向探测到了引力波，这样我们的望远镜也会指向那个天区搜索。”

熊少林说，目前引力波事件的位置定位精度还很差。引力波数据的信号还比较弱，如果在引力波事件发生的同时或者相近时间，在引力波事件相同位置发现电磁信号，就增加了引力波事件的可信度，联合分析引力波信号和电磁信号也会获得更多关于爆发天体的信息。目前仅有引力波的数据，还没有探测到电磁信号。此外，LIGO 目前探测到的引力波事件都是双黑洞的并合，很多科学家认为双黑洞并合不会产生电磁对应体。等到 2020 年后 LIGO 灵敏度提高，预期能探测到双中子星并合产生的引力波事件，而双中子星并合很有可能产生伽马暴。HXMT 具有独特的探测能力，是世界上在 200 千电子伏至几个兆电子伏能区有效面积最大的探测器，灵敏度高，我们将在这个能量范围更好地进行伽马暴研究。此外，HXMT 能探测除了地球遮挡之外各个方向发生的伽马暴，视场覆盖全天的 3/4，是探测引力波电磁对应体的重要设备。

寻找宇宙大胃王

迄今为止，科学家发现几乎所有星系的中心都存在着一个质量约为太阳数百万到数十亿倍的巨大黑洞。它们通过无比强大的引力大量吸积周围的气体和尘埃，然而当它们吞下的过多时，多余的物质就转化为两道垂直于吸积盘的喷流，就好像胡吃海塞的大胃王吃得太饱要打嗝似的。最靠近黑洞视界的炽热物质和极端高速的喷流就会产生明亮的 X 射线辐射，它足以穿透数十亿光年的距离，形成科学家在地球上观测到的活动星系核。

遥远的活动星系核有着诸多未解之谜，其中之一就是如此巨大的黑洞与太阳质量 30 倍以上的恒星所演变成的一般黑洞相比，差异实在太大了。科学家对它是如何形成并成长的知之甚少，而这又是星系形成与演化过程中的一个重要环节。通过 X 射线的观测，科学家将能够穿越重重尘埃的遮挡，看到活动星系核最为核心的黑洞视界附近，了解其超强引力场的信息。

由于活动星系核距我们非常遥远，所以硬 X 射线调制望远镜只能看到最亮的一些活动星系核。不过，宇宙中弥散着的 X 射线背景被认为是活动星系核辐射的叠加。HXMT 将能够获得 0.1 万～ 25 万电子伏的宇宙 X 射线背景图及能谱，这对于确定活动星系核、乃至宇宙中物质密度的演化有很重要的意义。毕竟，看到遥远天体发出的光，就意味看到了宇宙的过去。硬 X 射线调制望远镜的登场，必将会使我们对宇宙的了解更加深入。

当有记者问首席科学家张双南，硬 X 射线调制望远镜预计会在哪些领域有比较重要的进展时，他笑着回答说：“我觉得我现在说的肯定不会是最重要的成果。举个例子，如果你去看哈勃列出来的十大最重要的科学成果，虽然不断在更新变化，但从来都不是原初的建议书里面的那些。原来想的东西跟后来做的区别非常大，只有上天之后才知道哪些更重要。”

“所以我只能说现在看来会比较重要的。一是用调制解调的方法对银河系做巡天，将会看到在X射线波段、尤其是硬X线波段一幅完全不同的图像，从中了解银河系内高能天体活动的动态情景，这是前人从未系统做过的。我想这里面会有很多我们以前不知道的现象，甚至有可能会看到全新的天体，我们对此是非常期待的。另外，就是对伽马暴的观测，在这个能区，我们的接收面积是目前国际上最好设备的10倍，也就是说能接收到10倍的伽马光子，灵敏度会大幅提升。这两方面都是基于我们仪器的新能力的预期。最终怎么样谁也不知道，我最希望现在说错了，最重要的成果不在这两个方面，那就说明得到的成果更为重要。”张双南说。

图4-6　HXMT卫星示意图

空间科学之“重器”

硬X射线调制望远镜（HXMT）卫星上的主载荷由中国科学院高能物理研究所研制，于2011年3月由国家国防科技工业局和财政部共同批复立项。早期的HXMT项目建议书只提出了高能望远镜的设想；随着科学前沿发生变化，卫星团队又提出了低能和中能望远镜的设想，这两组望远镜得到了中国科学院空间科学先导专项的支持。

HXMT是空间科学先导专项中重量最重、特色鲜明的一颗卫星。整颗卫星重约2.5吨，其中科学仪器重981千克。我们来“零距离”观察一下这件空间科学的“大国重器”。

中国科学家的智慧

对于X射线，在本书前面的章节里我们已经介绍过了。那么，硬X射线又是

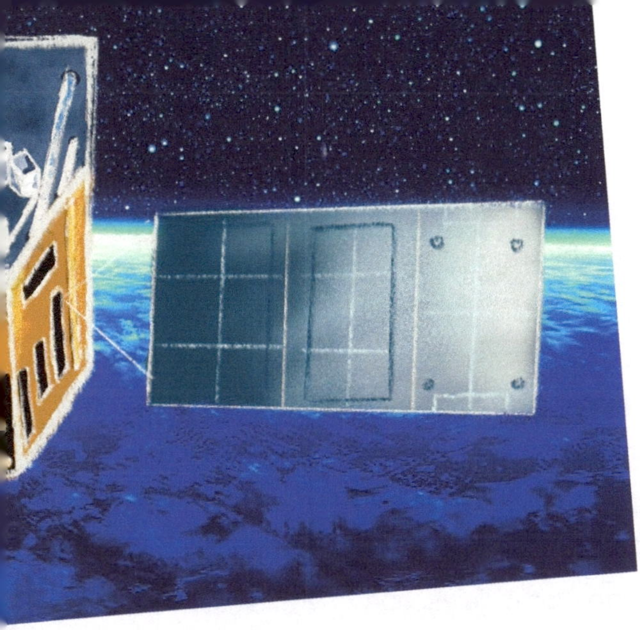

什么呢？

科学家针对探测手段的不同，把 X 射线分成了硬 X 射线和软 X 射线。能量在 20 千电子伏以上的 X 射线，传统上被称为硬 X 射线；能量在 10 千电子伏以下的，就被称为软 X 射线。以前的探测器主要在上述两个能段工作，中间这一段探测得比较少。

X 射线和可见光一样，本质上都是电磁波，同样也具有波粒二象性。但是，如果我们把一台普通的光学望远镜对准 X 射线天体，则根本无法获得天体的 X 射线图像。这是因为 X 射线的波长极短，更接近粒子，同时能量又很高，所以它不会像可见光那样在镜面上发生反射或折射，而会像一粒粒“炮弹”一样，直接砸在镜面上或者穿透镜面而过。能量越高，“炮弹”的速度就越快，X 射线也就越“硬”了。

既然在 X 射线能段很难用常规观测手段获得天体图像，那么科学家又想出了哪些破解的方法呢？

设计新的镜面

普通的光学望远镜通过反射或折射目标天体的光线，然后聚焦在感光底片上形成图像，或者用肉眼直接观察。德国科学家沃尔特 1952 年发明设计了掠射式镜面，仍然采用光学成像的原理，可以实现一定能量范围的 X 射线的聚焦。这其中的原理不难理解，和站在湖边打水漂十分类似：一方面，风平浪静的水面容易打出漂亮的水漂，若水面起伏不定则很难成功。另一方面，选择扁平的瓦片，尽量俯下身去，出手时与湖面的夹角越小，就越容易打出漂亮的水漂；瓦片的速度越高，就越要压低重心，以更小的角

图 4-7 掠射式镜面技术的原理和站在湖边打水漂十分类似

度扔出瓦片，否则瓦片会直接沉入水底。掠射式镜面能让 X 射线反射聚焦的奥妙就在于镜面的粗糙度足够低，同时 X 射线入射时与镜面的夹角足够小。

1978 年发射的爱因斯坦卫星是首个搭载了大型掠射式望远镜的 X 射线天文卫星。1999 年，由贾科尼提议建造的钱德拉 X 射线天文卫星（Chandra X-ray Observatory,CXO）所用的掠射式聚焦系统将这一技术推向了一个新的高度，可以对 10 千电子伏以下的软 X 射线实现聚焦成像。钱德拉卫星的镜面极其光滑，其表面粗糙度大约只有几层原子的厚度。如果将它的镜面放大到地球一样大小，按照这样的粗糙度来计算的话，地球上最高的山峰只有不到 2 米高。2012 年，美国发射的 NuSTAR 卫星（Nuclear Spectroscopic Telescope Array）实现了硬 X 射线聚焦成像，将能量范围进一步推高到了 79 千电子伏。钱德拉的镜面对软 X 射线有较高的反射率，但是对硬 X 射线其反射率就会迅速衰减。所以，NuSTAR 采用了全新的镜面工艺，其镜面是由高密度材料和低密度材料反复重叠 200 层左右镀成的，每层的厚度和表面粗糙度都达到了原子量级，工艺的一致性和稳定性世所罕见。

这不由让人联想到科幻作家刘慈欣在《三体》里描绘的“水滴”——小说中三体文明超高科技的一个载体。这个小小的球体无论如何放大，表面都光滑如镜，看似美丽，却在瞬间摧毁了地球人庞大的星际舰队。但是，“水滴”只是一个科学幻想，而掠射式技术却在现实的天文观测中得到了广泛的应用，并成为人类不断攀登科技高峰的一面镜子。

由于上述镜面的制造难度非常大，对一个国家的工业水平要求极高，国内至今还无法制造出如此光滑的镜面。不过，HXMT 卫星首席科学家张双南透露，中国的下一颗 X 射线天文卫星将采用掠射式技术，让我们拭目以待。

探索新的算法

面对国内制造工艺无法逾越的技术鸿沟，我国科学家在算法上另辟蹊径，提出了直接解调成像法。硬 X 射线调制望远镜就是随着这个方法的提出应运而生的。

调制，就是扫描。20 世纪 90 年代初，中国科学院高能物理研究所李惕碚院士和他的同事吴枚研究员在不断探索中找到了一种新的算法，即使无法实现聚焦，仍然可以非常有效地把调制后的信号还原成图像，这种方法被称为直接解调技术。李惕碚院士和吴枚研究员首先利用国外的卫星数据对这种方法进行推演，获得了令人满意的准确度，1993 年又用搭载在高空气球上的 HAPI-4 探测器所捕获的数据进行验证，再次证明了这种方法的可行性。当年，李惕碚院士结合扫描探测技术与这种图像处理技术，提出了硬 X 射线调制望远镜的概念，希望这种简单成熟的方法能弥补国内技术上的缺陷，对 X 射线源做成像观测，得到天图。

“当时，这是非常好的一种办法。然而，从 1993 年提出想法到 2011 年真正立项，18 年过去了，科学前沿的发展以及 X 射线探测技术都有了较大的变化，所以，我们也对这颗卫星的研究目标和手段进行了调整。”HXMT 卫星首席科学家张双南解释说。

这一席话为这颗卫星从酝酿到上天所经历的漫长过程勾勒出了一幅简笔画，实际情况则要曲折艰辛得多，我们会在后面的章节中再进行详细介绍。不过，硬 X 射线调制望远镜只是沿用了最初的名字，其实早已不再局限于硬 X 射线这一能段，研制团队后来为它加上了低能和中能 X 射线探测器，使它的能区覆盖范围扩大到 1 ~ 250 千电子伏。HXMT 卫星首席科学家张双南又创造性地添加了观测伽马暴的任务，使卫星的能量覆盖范围在原来的基础上又扩大了 10 倍。

当然，高能 X 射线探测器仍然是这颗卫星有效载荷的核心组成部分。另外，2011 年立项的时候，国内仍然没有掌握 X 射线的聚焦技术，所以这个望远镜还是使用扫描的方式。

HXMT 具有多方面的独特优势

虽然不能实现聚焦成像，得益于可行的技术和很好的算法，再加上研制团队坚持不懈的追求和突破，硬 X 射线调制望远镜仍然具有很多无法比拟的优势。

能区宽，全覆盖

因为同时具有高中低能望远镜，HXMT 实际上是一个太空天文台。它首次实现了 1 ~ 250 千电子伏的能区全覆盖，有利于从不同能段来观测和研究 X 射线天体的辐射机制。

面积大，信号多

镜面望远镜由于受到制造工艺的限制，一般面积比较小。而硬 X 射线调制望远镜的探测面积很大，探测到的信号就会更多。信号越多，就越有可能发现其他望远镜看不到的现象。

比如，一个面积较小的探测器 1 秒只能探测到大约 10 个光子，而光子数量的涨落随时间的变化又很大，在统计量这么低的情况下就很难从光变曲线中发现新规律或结构；如果探测器面积较大，1 秒能探测到大约 100 个光子，那么光变曲线就会围绕 100 波动，误差就会变小，结构就更明显。

“对于同样能被观测到的源，你探测到的光子数少，而我探测到的光子数多，我就会比你发现更多的特性。”参与 HXMT 项目的青年科学家熊少林这样概括大面积的优势。

视场大，巡天快

硬 X 射线调制望远镜还具有视场很大的优势，可以在两天左右时间内完成银道面的扫描。而镜面望远镜由于视场很小，扫描一片天区需要花费很长的时间，所以一般只做定点观测。

“我们知道，天空中有很多暂现源，毫无征兆地就爆发了，又会毫无征兆地消失，扫描观测可以进行有效监测，比较容易发现这些暂现源。”熊少林说，“对于一个已知源，当然也有可能取得新发现，但对于一个新的源，新发现的概率更大，甚至是全新的闻所未闻的现象。”

看多亮的源，也不会晃瞎眼

X 射线有一个特性：能量越高，光子数量越少；能量越低，光子数量越多。所以，观测低能段 X 射线，往往会遇到光子堆积的问题。所谓光子堆积，是指两个或两个以上的光子打到探测器的同一个像素点上，堆到了一起。这样，探测器就无法把这多个光子区分开，也就测不清楚了。

HXMT 的一大优势就是，其低能望远镜在观测强源时没有光子堆积效应。“聚焦型望远镜不适合观测强源，因为它会把所有 X 射线的光子都聚到一点上，曝光量过大，所以一看太亮的源就白茫茫一片。我们的 HXMT 是准直型望远镜，可以把光子分散开，堆积率很低，所以看多亮的源都不会晃瞎眼。”HXMT 卫星有效载荷低能望远镜主任设计师陈勇说。

“死时间”短，效率更高

在探测 X 射线高能段时，常常会遇到另外一个问题：“死时间”。

当高能探测器正忙于处理前一个入射光子时，恰好又有一个光子打到探测器上，探测器对第二个光子无暇响应，就好像死了一样。探测器对光子不做响应的这段时间，就是“死时间”。

“我们专门为此进行了特殊设计，来缩短‘死时间’。虽然我们的高能探测器是世界上面积最大的，但是它的‘死时间’比其他的探测器要短得多，我们丢失的光子也会比其他的探测器少得多，探测到的信号也更多更准确。这对于帮助我们最终搞清楚 X 射线天体的辐射机制是非常有帮助的。”HXMT 卫星有效载荷高能望远镜主任设计师刘聪展说。

“变废为宝”，观测伽马暴

张双南创造性地为这颗卫星开发了一个新功能——观测伽马暴。

“我们用高能探测器来观测伽马暴，它的面积是目前世界上最大的，灵敏度也是最好的。这样，我们就可以看到比较弱的伽马暴。”熊少林说。

图 4-8　高能准直器主管设计师清华大学金永杰教授在高能所交付高能准直器

“慧眼”并没有为观测伽马暴增加和更改软硬件，它使用的其实是高能望远镜主探测器中的碘化铯晶体。碘化铯晶体原本是用于屏蔽本底 X 射线光子，特别是从望远镜后方入射的本底 X 射线光子的。但是根据张双南的建议，团队的科学家们发现只要对探测器工作高压做适当调整，就完全可以用其来观测伽马暴。

正是由于这种“变废为宝”的创新设想，HXMT 在观测伽马暴时都不需要正对着目标源，而且观测能谱随时间的变化非常好。

望远镜的基本构造

高能望远镜覆盖的能区范围是 20 ～ 250 千电子伏，中能望远镜覆盖的能区范围是 5 ～ 30 千电子伏，低能望远镜覆盖的能区范围是 1 ～ 15 千电子伏。

虽然高、中、低能望远镜各有各的特点、构造和外形，但它们都是准直型望远镜。所以，它们大体上都由三个部分构成：准直器、探测器和电子学系统。

准直器

准直器位于望远镜的上方。

这三种望远镜的准直器，从材料到形状都各不相同，但是它们的作用都是为了限制 X 射线的入射方向，以便进一步确定天体源的方位。所以，准直器一般会做成

图 4-9 出行前来张“全家福”（交付卫星总体前，高能主探测器主任设计师张翼飞和他的“宝贝们”合影）

一个一个的栅格。当 X 射线从四面八方射向望远镜的时候，只有正对着望远镜的 X 射线光子才能顺利通过这些细小的格子打到探测器上，其余的则会打到准直器的壁上，X 射线源的位置也就相对容易辨别了。

事实上，每种望远镜都配备了大视场、小视场和全遮挡三种准直器。采用这样的组合，是为了更准确地估计不同来源的本底的贡献。

低能望远镜的准直器上方还安装了遮光膜，这是因为低能 X 射线探测器对可见光和紫外线都很敏感，而遮光膜可以过滤可见光和紫外线，仅让 X 射线透过。

探测器

准直器下方就是敏感的探测器了，它们会逐个对光子进行探测，过来一个光子，产生一个信号。探测的内容包括入射 X 射线光子的能量和时间等信息。

高能望远镜有多种探测器，其中主探测器使用的是碘化钠和碘化铯复合而成的晶体探测器。入射光子打到晶体里，就会损失部分能量，而晶体吸收了这部分能量之后就会发出荧光信号。HXMT 上一共安装了 18 个主探测器单体，每个探测器的直径为 19 厘米，总面积达 5000 平方厘米，是世界上面积最大的高能 X 射线探测器阵列。

除了主探测器外，高能望远镜上还有多种类型的辅助探测器，包括粒子监测器、屏蔽探测器和标定探头，这些都是为主探测器服务的。

中能望远镜使用的是硅 - PIN 探测器。入射的 X 射线光子与硅材料相互作用，产生电子空穴对。在探测器的两极之间加上电压，就会在其内部形成电场，电子就会在电场内移动到阳级，最终被收集起来。

低能望远镜使用的是 SCD 探测器阵列，总探测面积为 384 平方厘米。低能探测器兼具高能量分辨率、高时间分辨率和较大的有效面积等特点，探测原理与中能探测器类似。

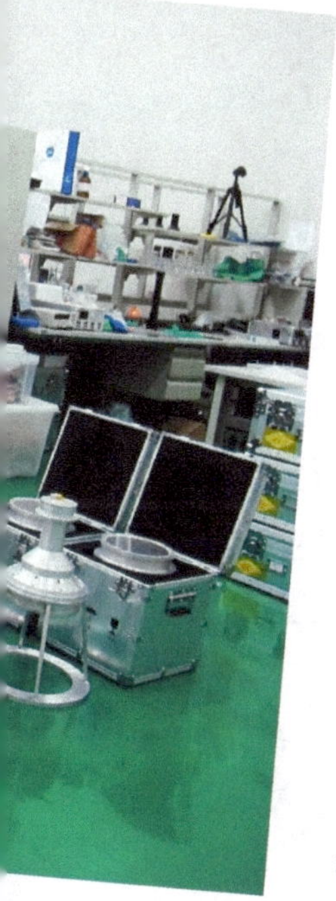

电子学系统

在 X 射线光子打到探测器引发物理反应之后，望远镜会把这些信号收集起来，再通过电子学系统把它们转化成普通仪器可以读懂的电信号，也就是脉冲信号。

在高能望远镜上，光电倍增管会把晶体发出的荧光收集起来，将光转化为电，并把电信号充分放大。这些放大的电信号会被收集和读出，一个光子对应一个脉冲。

在中能望远镜上，电荷灵敏前置放大器会把从探测器两极收集到的电荷转化成电压，形成电脉冲信号。不过，这时的电脉冲形状很尖，很难对其进行分析，容易造成较大误差，所以还要经过电子学系统后端放大，把信号放缓。本来前方信号为毫伏量级，放大近 1000 倍以后，读出的信号就变成伏量级了。

低能望远镜的读出模式有两类，即连续读出模式和长曝光模式。连续读出模式就是随时探测随时读出，也是最常用的模式。在长曝光模式下，探测器会曝光一段时间，曝光结束后再连续读出 150 个周期。长曝光模式可以测量探测器的时间响应，还可以检测探测器是否存在失效的“坏”像素。

科学家与工程师的完美结合

各种 X 射线科学探测载荷研制出来后，如何把它们安装到卫星平台上，需要科学家与工程师的密切配合。

据负责卫星研制的中国航天科技集团公司第五研究院研究员、卫星副总指挥尤睿介绍，HXMT 卫星用的是比较成熟的五院“资源二号”卫星平台，中国目前已经利用这个平台研制了十多颗遥感类卫星。

“我们学习科学家的思维方式，科学家借鉴我们的工程经验。”尤睿说。

卫星副总设计师倪润立指出，硬 X 射线调制望远镜的观测模式与传统卫星不太一样。“传统遥感卫星多是对地观测，姿态比较稳定，有固定的指向，这颗卫星观测的目标是全天球，在天上要频繁转动。我们根据它的科学目标，制定了几个有针对性的模式，包括巡天观测模式、小天区观测模式和定点观测模式。为了保证数据传输与测控畅通，我们也想了很多办法，比如让卫星开展一些自主的算法对天线进行自适应控制等。”

温度控制是另一个难点。“在一张桌子这么大的地方，要安装 18 个高能探测器、3 组中能探测器和 3 组低能探测器。高能探测器的温度要在 18 摄氏度左右，而中能和低能探测器的工作温度却可能低到零下 80 摄氏度或零下 40 摄氏度。在这样紧凑的结构中，温差如此之大，就好比一个人只有一件衣服，却要在南极和赤道都能生存下来，这对卫星的热控技术提出了巨大的挑战。”卫星热控副主任设计师、载荷热控主任设计师周宇鹏博士说。

为此，中国航天五院的研制人员为中低能探测器设计了一把“遮阳伞”挡住阳光，实现了低温工作环境，同时为高能探测器加热，并在高低温设备之间采取隔热措施。“这是中国第一次在卫星上安装‘遮阳伞’，又不能影响对天观测，因此对卫星的姿态控制也提出了很高的要求。”周宇鹏说。

倪润立希望科学卫星成为未来的一个发展方向。“科学卫星载荷五花八门，很有挑战性，对宇宙未知的探索能够促进中国航天技术的发展。”

量身打造探测“标尺”

探测器制作完成，怎么来确定它的各方面性能呢？卫星上天以后，可能会探测到各种各样的信号，科研人员又如何确定这些信号的精准度呢？这就有赖于一项十分重要的工作——标定，来为探测器的各项性能提供“标尺”。

地面标定

卫星上天之前，首先要在地面做标定。

“在地面上，我们会用标准光源对探测器进行测试，看看探测器产生什么样的响应，形成什么样的能谱，再将测试结果和标准光源的已知数据进行比对，得到探测器的性能指标。等探测器在天上开展工作后，我们可以根据这些‘标尺’修正观测数据，提高观测精度。”中低能 X 射线标定装置主任设计师陈玉鹏解释道。

据他介绍，对探测器进行标定，主要包括探测效率、能量响应、能量分辨三个方面。

（1）探测效率，主要是看实际探测到的光子数量。比如，来了 100 个 10 千电子伏的光子，实际探测到了 80 个，那么，探测器在 10 千电子伏的探测效率就是 80%。工作人员要把探测器在每个能量值上的探测效率都标定出来，给出一个探测效率的轮廓，如低能 X 射线探测器在首尾两端的探测效率就比较低。

（2）能量响应，也就是探测器对一定能量的光线的响应状态。一般来说，一个能量为 10 千电子伏的光子打到探测器上，探测器并不总是十分精确地测到 10 千电子伏，有的时候会测成 9 千电子伏，有的时候会测成 11 千电子伏，工作人员要把这些概率和分布算清楚、标定好。那么，探测器在空间工作的时候，如果也出现相似的能量响应，科研人员就可以反推出入射 X 射线的能量。

（3）能量分辨，其实包含在能量响应里，把它单列出来，是因为它更直观地体现了探测器的性能。仍以一个能量为 10 千电子伏的光子为例，探测器有可能探测到 9 千电子伏或者 11 千电子伏，这样一个宽度就叫能量分辨。宽度越小，能量分辨越高。假设，先后来了一个 9 千电子伏的光子和一个 10 千电子伏的光子，能量分辨越高，就越有可能把它们分开，能量分辨越低，就越容易把它们混淆。

中低能 X 射线的标定由中国科学院高能物理研究所独立完成，标定装置主要包括 X 光机、单色器和真空管道。X 射线没有颜色，单色器的作用是把 X 射线分成不同的能量级别，以便选取特定能量的 X 射线进行标定实验。同时，低能 X 射线会被空气吸收，所以必须在真空管道中运行。

高能 X 射线的标定由中国科学院高能物理研究所和中国计量科学研究院（简称计量院）合作完成。“因为 X 射线能量越高，穿透力就越强，我们这种墙已经不能起到屏蔽作用了，计量院建了专门的房间来做标定。同时，高能 X 射线对空气不敏感，所以不需要真空管道了。”陈玉鹏说。下面，我们就来看一看陈玉鹏和他的同事们是如何进行中低能 X 射线的标定实验的。

首先，为了模拟卫星在轨的空间环境，要把地面实验装置也抽成真空，同时把温度降到零下 80 摄氏度左右。中低能 X 射线探测器的面积都比较大，每个探测器都是由很多像素点组成的。如果对每个像素点进行标定，时间显然不够。所以，标定团队会把每个探测器的像素点按噪声高低分成几类，在每个类别中对两三个像素点进行测试就可以了。在标定时，因为 X 射线的光斑很小，只能把探测器一点一点地对准光斑，每次标一个像素点。每个像素点，要测 30 个能量值，也就是要把它对 1 ~ 30 千电子伏的每个能量点的 X 射线的探测效率、能量响应和能量分辨都标定出来。

虽然已经做了简化，但工作量仍然很大。中低能 X 射线标定装置大概运行了三年，才完成了标定任务。

地面系统副总设计师张澍不无自豪地说："虽然在建造标定装置方面我们并没有经验，但是通过走出去、引进来的建设策略，即走出去观摩学习，引进别人的先进建设经验，我们成功地为中低能 X 射线望远镜建立了标定装置。而且，我们的设备比欧洲的同类设备性能指标更好、更先进，为标定中低能望远镜的性能打下了坚实的基础。"

在轨标定

卫星上天之后，还要进行在轨标定。

在轨标定主要是利用天上已知的 X 射线源（比如已经被反复观测过的蟹状星云脉冲星）进行标定。卫星首先对这些目标源进行观测，然后将观测结果和目标源的公开数值进行比对，以确定探测器在空间工作时的性能状态，为接下来的观测提供标尺。

在轨标定的原理与地面标定十分相似，都是为了标出探测器本身对观测结果的影响，以便修正观测数据。在轨标定包括效率标定、能量标定、时间标定和空间标定，将在卫星上天后的前五个月完成。

观测时巡天、定点两不误

硬 X 射线调制望远镜的科学目标是对银道面进行扫描。在这个范围内扫描，望远镜既会观测到银河系内的天体，也有可能观测到银河系外的天体。

HXMT 卫星地面应用系统副总设计师屈进禄指出，距离远近和辐射强弱这两个因素决定了一个天体能不能被观测到。如果辐射很弱，即使距离很近，探测器也观测不到；河外天体虽然距离遥远，只要辐射够强，也会被观测到。

"我们把银道面分成了 20 多个天区，望远镜扫描一个天区需要两个多小时，那么，如果不考虑对太阳规避，两天就可以完成对银道面的一次扫描。"屈进禄说。

望远镜正对着目标天体的时间，被称为有效观测时间。在绝大多数情况下，HXMT 的观测效率不能达到 100%。这是因为 HXMT 是一颗低轨道卫星，目标天体有的时候会被地球遮挡；同时，地球的磁场分布不均，在磁场特别弱的南大西洋异常区存在很强的质子、电子等高能粒子流，卫星在飞临这一区域的上空时要切换到安全保护模式，不能进行正常的科学观测，否则就会对探测器造成损伤。

据屈进禄介绍，第一年，卫星将用 30% ~ 40% 的时间进行巡天观测，剩下的时间则进行定点观测。定点观测，就是盯着一个目标源进行观测。定点观测的目标分为两大类：一类是已知源，包括被采纳的科学提案中提到的观测目标；另一类是暂现源，暂现源既有可能是曾经爆发过的已知源，也有可能是新发现的天体源。

所谓暂现源，是指一般情况下辐射很弱、望远镜观测不到，但在某种因素的触发下突然变得很亮的天体，如超新星。暂现源往往是黑洞或者中子星。

“对于已知源，我们已经安排好了观测计划；对于新出现的源，通常被称为机会目标，我们会马上组织评估。如果从科学意义上认为值得去观测的话，经过首席科学家的批准，我们会对观测计划进行调整，对新源展开定点观测。”屈进禄说。

图 4-10 从卫星升空到观测数据发回地面进行研究的流程图

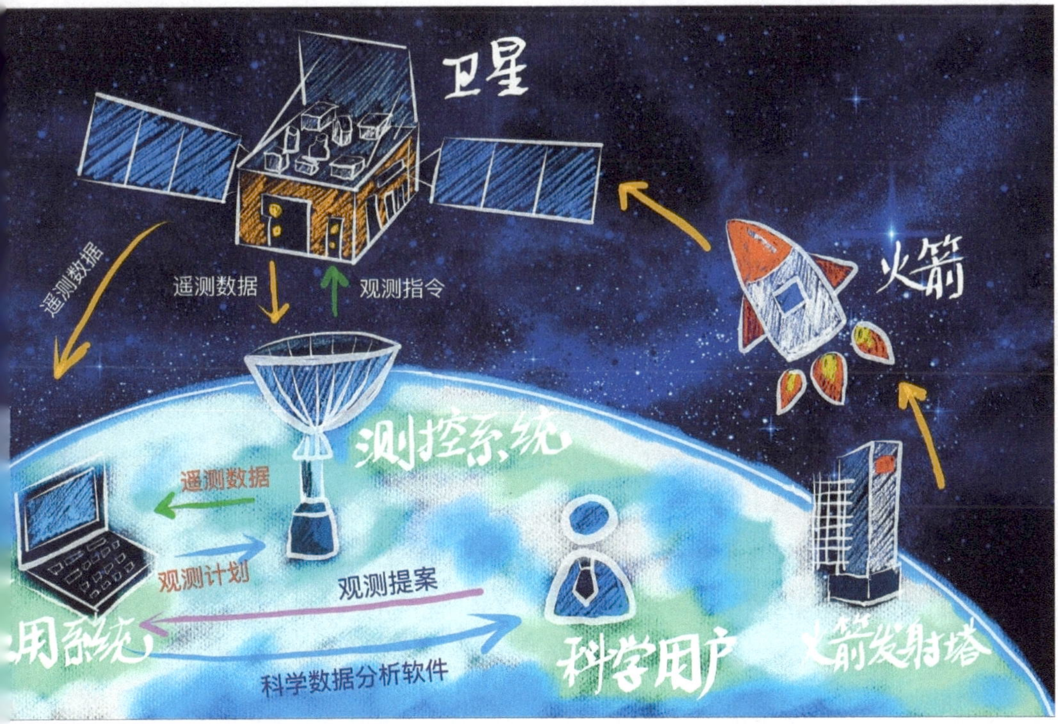

数据服务向国际看齐

卫星发射上天，科学研究才真正开始。科学研究依靠观测数据，而观测数据的加工处理则由地面应用系统来负责。

地面应用系统的第一项工作就是制订观测计划，决定卫星在天上的观测目标和时间分配。“我们面向全国征集第一轮核心科学观测提案，得到了国内的积极响应，共征集到 90 份核心观测提案，来自中国科学院 6 个研究所和 10 所高校。提案提出的总观测时间大约 7 年，远远大于卫星的设计寿命。”地面应用系统副总设计师宋黎明说，这颗卫星将遵循国际惯例，观测提案被采纳者将享有观测数据专有权一年，一年以后，观测数据将向所有人开放。

地面应用系统的第二项工作，就是在卫星上天后的前五个月完成在轨标定工作。“一方面，我们要把和仪器相关的参数写进分析软件，告诉用户探测器的能区、面积、性能、工作状态等；另一方面，我们还要把标定结果做成一个标定数据库，供用户使用，以便他们在此基础上开展后续的数据分析工作。”宋黎明说。

地面应用系统的第三项工作，就是提供符合国际标准的数据产品。据估计，地面团队将提供 300 多种数据产品。“因为我们的数据最后基本上要对所有用户开放，所以不仅要方便我们自己分析，还要让别人也能够分析。国际上已经有了一整套的天文数据分析流程和分析软件，这就要求我们在数据处理的过程当中，所有的流程和标准都要向国际看齐。也就是说，我们要把观测数据加工处理成具有通用格式的数据产品。同时，我们还要提供一些程序，告诉用户如何读取我们的数据、提取里面的信息。我们的数据服务工作就做到这里，至于从数据产品中提取能谱、光变曲线等信息，并继续进一步的分析，那就是科学家们要做的事情了。”宋黎明说。他指出，数据开放对于推动更多的人参与空间科学的探索将发挥重要的作用。“我们没有任何保留，把所有的工具都提供给大家。任何人，包括中学生，都可以来下载我们的数据。”

地面应用系统还有一项独特的工作，就是用李惕碚院士和吴枚研究员提出来的直接解调方法对扫描数据进行计算、分析和成像，完成这颗卫星的使命。此外，地面应用系统还要参与一些日常的工作，包括对卫星的总体监控和故障处理等。

当然，作为这颗卫星的设计者和研制者，HXMT 团队也会承担大量的数据分析工作。HXMT 卫星首席科学家张双南已经领导组建了一个 100 多人的科研团队，将从双星、空间环境和本底研究等方面进行数据分析。

第五章

一颗卫星的长征路

中国科学家于20世纪90年代初提出直接解调方法，利用简单的准直探测器扫描数据就能进行高分辨率成像，并基于此提出了HXMT的构想。这种新方法在提出之初因为太过“神奇”，甚至被怀疑为“弄虚作假”。经过十年左右的理论、实验和数据分析工作，直接解调方法才被国内外学者逐渐接受。然而，对于这颗卫星来说，漫漫征程才刚刚开始。

星辰大海路迢迢

1993 年，中国科学院高能物理研究所做了最后一次气球飞行实验，用搭载的 HAPI-4 探测器扫描观测天鹅座 X-1。天鹅座 X-1 是最早被确认为黑洞的天体之一，是一个很强的 X 射线源。李惕碚院士和吴枚研究员用直接解调的算法，对实测数据进行成像，使这个方法首次获得了实验验证。

“当年，他正式提出来关于硬 X 射线调制望远镜的项目建议。”HXMT 卫星有效载荷总设计师卢方军回忆说。然而，很多人对直接解调成像方法并不了解。解释、辩论、说服、呼吁，李惕碚院士和 HXMT 项目团队的科学家们就这样一同走过了这颗卫星从雏形到立项的漫漫十几载。

第一次喜讯

硬 X 射线调制望远镜和郭守敬望远镜等一批科学项目共同参加了九五计划大科学工程项目的遴选，结果郭守敬望远镜被选中，而硬 X 射线调制望远镜落选了。“从那以后，李惕碚老师仍然坚持不懈地在各种场合呼吁，他从来没有放弃过，但当时一直没有找到一个很好的渠道去支持这颗卫星。”卢方军回忆说。

1997 年 6 月，原国家科技领导小组第三次会议确定要制定国家重点基础研究发展规划（“973 计划”），并由科学技术部组织实施。在基础科学上的这一重大决策使这个望远镜的倡导者们再次看到了希望。他们向科学技术部提交了《天体高能辐射的空间观测与研究》的报告，这实际上是一份为 HXMT 做预研的申请。2000 年，科学技术部批准了这份报告。

2005 年，关于这颗卫星的预研完成，项目结题。“结题之前，正好赶上原来的国防科工委首次公开遴选空间科学卫星项目，我们就参与了这次遴选。”卢方军说。遴选会议在同年 8 月举行，9 月即传来喜讯，这颗卫星被选上了！此时，距离李院士最初提出这个想法已经过去了十年有余。

据卢方军回忆，当时，他和同事们刚刚参加完中国科学院和清华大学在葫芦岛联合召开的研究生天体物理研讨会，在回来的路上接到了捷报电话。“20 世纪 80 年代，李老师就想和英国人合作，做一颗空间天文卫星。20 年后，中国人终于可以开始做一颗自己的空间科学卫星了，大家当然很高兴，很激动！”卢方军说。

HXMT 卫星地面应用系统副总设计师屈进禄至今仍清楚地记得当时大巴车上的情形：“沸腾这个词都不足以形容我们的兴奋之情，大家鼓掌啊、唱歌啊！”

新一轮等待

HXMT 被当时的国防科学技术工业委员会（简称国防科工委）选为背景型号。

一般情况下，在正式立项之前，还要看一看在地面上实现了各项性能指标的原理样机到了空间是否也能运行如常。“上天后，环境条件变了，背景型号就是为了解决在空间实施这个项目的一些关键技术。”卢方军说。

喜悦并没有持续多久，卢方军和他的同事们又开始了新一轮漫长的等待。因为多方面的原因，背景型号以及随后的工程立项并没有顺利进行。“一般情况下，背景型号阶段也就耗时 1 ～ 2 年，而硬 X 射线调制望远镜在背景型号上一耽搁就是五六年。这中间虽然欠着经费，但项目团队仍然一直坚持在做。”卢方军说。

经过多方面的呼吁和努力，一直到 2011 年 3 月，这颗卫星才完成正式立项。云开月明，这一次它要驶向星辰大海。

增添新装备

从 2005 年 9 月到 2011 年 3 月，在卫星还没立项期间，研究团队的工作并没有停止，低能和中能 X 射线探测器先后加入到卫星的载荷中来。

2005 年 8 月，HXMT 团队中的陈勇研究员提出了增加低能望远镜的想法，这样可以对一些 X 射线源进行认证，也可以开展脉冲星的观测。

据卢方军回忆，2006 年 1 月，HXMT 团队召开了一次关于这颗卫星的国际研讨会。“陈勇在会上介绍了设计软 X 射线探测器的初步想法。当时，参会的英国同行不太看好我们这个方案，认为探测器的面积做不大、功耗又高、能量和时间分辨率也不行。他们提出了另外一个方案，自称会在各方面优于我们。”

事实上，项目团队从一开始就支持陈勇的提案，但同时也没有完全排除英国人的方案，因为英国人设计的探测器覆盖的能区比低能略高、比高能又低，与这两种望远镜结合，可以实现宽波段 X 射线观测的完整覆盖。“后来，卫星迟迟不能立项，英国人也没有消息了，当时刚获得博士学位的曹学蕾提出，这件事用我们自己的探测器和方法就能做到。我们于是支持曹学蕾牵头自主研制中能望远镜。”卢方军说。

对于自主研制，卢方军一直持积极态度。“第一颗卫星，我们要尽量自己做，先把套路熟悉了，以后的卫星再去考虑国际合作。否则，一上来就合作，别人说什么是什么，我们都无从判断。”

他指出，最终低能望远镜实现的技术指标比英国人预期得要好得多，中能望远镜也在自主研制的基础上达到了设计要求。“我们在研制过程中实现的技术进步和严谨的工作态度会潜移默化地提升外国人对中国人的印象。”

千锤百炼不怕难

卫星已立项，离上天还远吗?

不是航天人，不知航天难。一颗卫星从立项到发射，一共要经历三个阶段: 方案、初样、正样。

这期间，卫星团队在有效载荷的自主研制方面遭遇并克服了一道又一道难题，整体进度也比预期延后了差不多两年。“从纯粹执行任务的角度来说，选择自主研制不一定是最好的，因为‘白手起家’会带来很多意想不到的困难；但是从学科发展和实验室建设的角度来说，这样做是非常有价值的。”卢方军说。

高能团队：彻底放弃依靠美国的幻想

2011 年，刘聪展从清华大学调到中国科学院高能物理研究所 HXMT 项目团队接管高能望远镜的研制工作，摆在他面前的是一个艰难的抉择。

高能望远镜中的一个核心部件是复合晶体，由碘化钠和碘化铯压在一起而成。这两种晶体对 X 射线很敏感，在吸收了入射光子的能量后会发出荧光。科学家把这种荧光转化为能够读懂的信号，就可以开展对目标天体的研究了。

在刘聪展接手这项工作之前，HXMT 项目团队一直希望从美国一家公司进口晶体，其生产的晶体纯度很高，曾经被美国和意大利的高能 X 射线探测器选用，质量

图 5-1 老外也来看我们的卫星了（意大利费拉拉大学的教授一行与高能团队合影）

明显优于国产晶体。上一任设计师和这家公司已经签订了合同。

然而，美国对中国航天一直实施严格“封杀”。卫星团队没想到，他们订购的晶体也在禁运之列，在运往中国之前被美国商务部给拦下了。HXMT 项目团队为了争取大洋彼岸的晶体，曾经想过先把晶体运到欧洲再运回中国，也找过美国这家公司在中国的代理人做工作，但是都绕不开一张“最终用户申请单”，这张申请单无疑会泄露这些晶体的最后去向。

冷酷的现实逼迫刘聪展放弃幻想，不再依靠美国人。但是，前任的老师们也尝试过在国内做晶体，结果一直不理想；HXMT 所需的晶体面积又是全世界最大的……刘聪展的内心充满了矛盾：“高能望远镜是核心载荷，万一我们做不出来，这颗卫星还上不上天？”经过近半年的挣扎，他最终确定了国产化的路径。

刘聪展和同事们开始在国内寻觅生产晶体的厂家，最后找到了北京滨松光子技术股份有限公司（以下简称“北京滨松”）。这家位于河北省廊坊市的工厂从事相关产业多年，可以生产足够大的碘化钠晶体，但依然做不了碘化铯晶体。所以，高能望远镜团队只能从乌克兰进口碘化铯晶体。同时，由于北京滨松的成品率较低，团队还从乌克兰进口了部分碘化钠晶体。

“实事求是地讲，晶体本身，无论是从乌克兰进口的，还是北京滨松生产的，肯定比不过美国公司的产品。但是晶体只是原材料，一个探测器性能是否优越和稳定，最终还要取决于封装工艺，也就是把晶体和其他部件组合在一起的水平。”刘聪展说，“我们和北京滨松合作，主要是解决了封装之后的整体性能问题，最终我们的探测器达到了和美国公司产品一致的水平。”

当然，这是一个艰辛而复杂的过程。他们花费了大量精力改进封装工艺，反反复复，走了很多弯路，一共试制了 29 轮，做了 30 多个样品。

曲折的研制经历和刘聪展前往工厂的路途有点相似。北京滨松位置十分偏僻，连导航也常常标错路线，刘聪展记不清自己迷了多少次路。“北方的农村岔路很多，村与村又比较密集，看着都挺像的，这次走对了，下次再去的时候又找不着路了。开始的时候，每一次单程就要花费 3 个多小时；后来，跑的趟数真的太多了，才慢慢熟悉起来。”

当试制到第十件样品时，在去往工厂的路上，刘聪展的车差点陷在了被大水漫灌的乡间小道上。“我预感不妙，结果那次的样品真的很糟糕。”刘聪展笑了笑，自己也承认这样的联系有些离谱，“当时，我们把能想到的招全都用上了，可晶体不是物理指标不行，就是力学性能不好，两者总是矛盾，弄得我们很煎熬。”

之后，突然有一次，刘聪展和同事们非常顺利地找到了去工厂的路，只花了两个小时就到了。“当时就有一种感觉，我们走对了路子，可能靠近目标了。”

最终，样品通过实验的时候，刘聪展在内心长出了一口气。“还好，自主研制的决策是对的，这些年的努力没有白费。”

合作是双赢的，北京滨松同样也获益匪浅。“我们教会了他们一整套的设计方法，怎么样通过计算有方向性地尝试、怎么样提高荧光的收集效率，他们对此也感到十分满意。”刘聪展说。

中能团队：溅上一点唾沫星子都不行

担任HXMT卫星有效载荷中能望远镜主任设计师的曹学蕾早在读研究生期间，就连续参与了“嫦娥一号”到“嫦娥三号”这三颗卫星上的 X 射线谱仪的研制工作。他坦言，在工程化的过程中，中能望远镜团队“吃了非常多的苦头”。在做探月项目时，因为探测器是从国外进口的，本身就很先进，国内在使用时会放宽限制，所以在发射前的测试环节没有遇到任何问题；但是，HXMT 的中能 X 射线探测器是自主生产的，作为卫星的一部分有效载荷，要经过一系列严酷的筛选实验，以保证其适应太空环境。

图 5-2　中能研制团队工作照

据他介绍，卫星上共有三组中能望远镜机箱，总探测器面积达到952平方厘米，这么多探测器如果都从国外订购，那价格将是一个天文数字；而中能望远镜团队自主试制的硅-PIN探测器已经在实验室取得了非常好的测试效果，其性能已经达到国际同类产品中的先进水平。然而，令曹学蕾没有预料到的是，一走出实验室的象牙塔，各种各样的折磨接踵而来。“中能，是三组望远镜里难度最大的。他们一路坎坎坷坷，太不容易了。”卢方军这样评价道。

“因为高能所不具备航天试验的资质，我们把探测器的裸芯片加工出来以后，剩下的封装、盖帽、检核、试验等一系列环节都要拿到工业部门去做。”曹学蕾介绍说，衡量探测器性能优劣的一项重要指标叫漏电流，也叫暗电流。暗电流会产生噪声，噪声当然是越小越好。在实验室里，中能团队已经将探测器的暗电流降到了PN量级；但是，在封装和试验过程中，暗电流经常一下就升到纳安量级了。“微安量级已经是非常小了，纳安量级更小。对于工业部门来说，要做到PN量级难度非常大。”

图 5-3　中能故事

任何一点微小的污染，比如哈口气，溅上去一点唾沫星子，都可能造成暗电流飙升，导致探测器毁坏。一方面，对环境洁净度的要求达到了近乎苛刻的地步；另一方面，国内仍没有掌握探测器的密封技术，污染随时可能发生。“国外探测器都用对X射线吸收较弱的铍片密封，但是铍的蒸汽有剧毒，受相关法律法规限制，国内不能对探测器进行封装密封，在电装和测试过程中很容易造成污染。”卢方军说，“这也暴露了我国工业水平还比较粗放、工业体系不完备等问题。”

在这个过程中，大批量的探测器坏掉了。“正样期间，我们做了18000片裸芯片，筛选合格的有4500多片，拿到工业部门2200多片，在封装和筛选的过程中，大约只有40%能通过。最后，我们一共生产了880个探测器，安装在卫星上的有400多个。”曹学蕾说。

除了不可控的污染，防静电能力极弱的电子学部分也给他和同事们带来了极大的困扰。电子学部分负责读出探测到的信号，其ASIC芯片是从国外进口的裸芯，

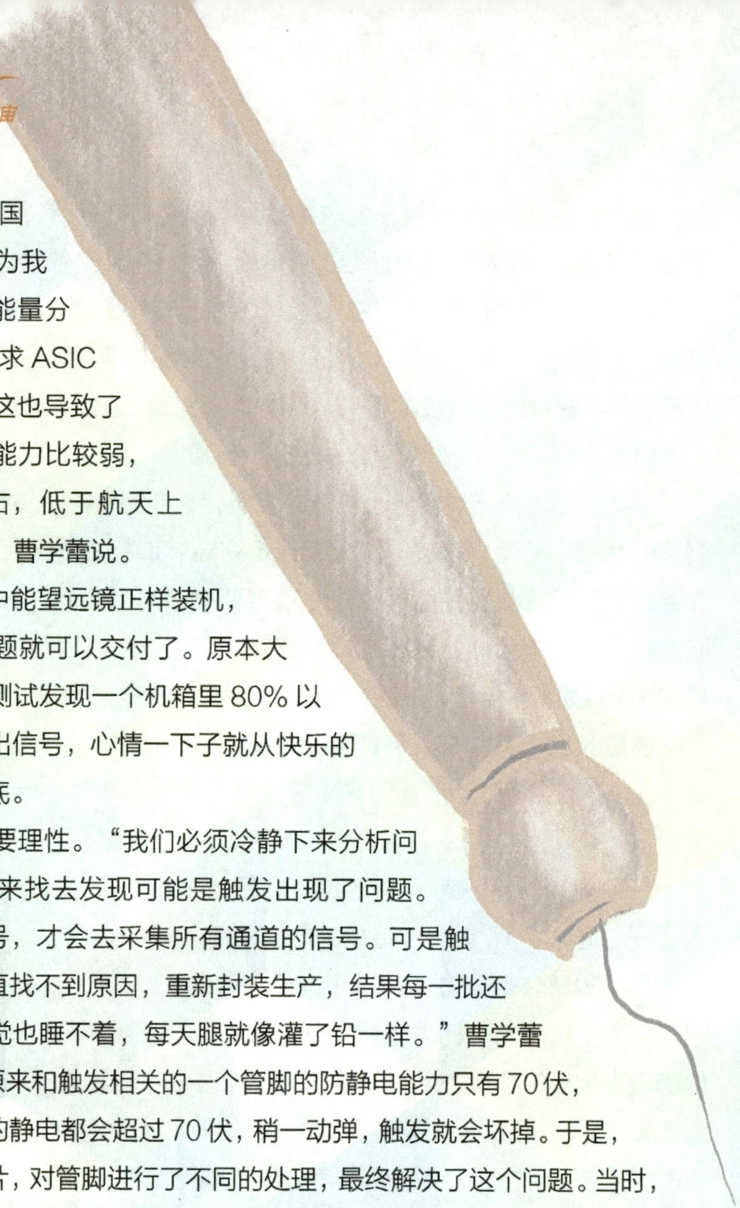

然后再由中能团队在国内封装、筛选。“因为我们的硅 -PIN 探测器能量分辨率比较好，所以要求 ASIC 对电信号特别敏感，这也导致了我们 ASIC 的防静电能力比较弱，大概只有 200 伏左右，低于航天上 500 伏的一般标准。”曹学蕾说。

2015 年 6 月，中能望远镜正样装机，装完之后如果没有问题就可以交付了。原本大家都很开心，但是一测试发现一个机箱里 80% 以上的 ASIC 根本读不出信号，心情一下子就从快乐的巅峰跌到了失望的谷底。

情况越糟，越需要理性。“我们必须冷静下来分析问题到底出在哪里，找来找去发现可能是触发出现了问题。ASIC 接收到触发信号，才会去采集所有通道的信号。可是触发为什么会坏掉，一直找不到原因，重新封装生产，结果每一批还是坏的。那个时候，觉也睡不着，每天腿就像灌了铅一样。”曹学蕾回忆说，“最后发现，原来和触发相关的一个管脚的防静电能力只有 70 伏，而任何一点测试造成的静电都会超过 70 伏，稍一动弹，触发就会坏掉。于是，我们重新买了一批芯片，对管脚进行了不同的处理，最终解决了这个问题。当时，时间已经很紧了。如果这个问题解决不了，这么多年的辛苦就会付诸东流。我们还是坚持下来了。”

低能团队：用一根毛的刷子扫掉故障

2005 年，负责低能望远镜设计的陈勇研究员去英国的卢瑟福实验室参观，看到了包括准直器、扫式电荷器件（Swept Charge Device, SCD）、遮光膜和 ASIC 在内的很多宝贝。这些东西，陈勇在国内从未见过，他看得眼花缭乱，也看得一头雾水。

“简直不敢想象，准直器可以做得那么精巧，遮光膜可以做得那么薄。”陈勇回忆说。准直器是探测器的一个组成部分，可以用来限制 X 射线的入射方向，以便确定天体源的方位。遮光膜可以过滤可见光和紫外线，只让 X 射线透过。巨大的落差没有让陈勇泄气，反而激发了他的斗志。

然而，开始时，陈勇孤立无援，低能望远镜的研制小组只有他一个人。这让他联想到一部叫《正午》的美国西部片，“电影里有个情节很有意思：牛仔们举行集会，相约一同去对抗将要到来的匪徒。结果，到了约定时间，真有一个牛仔带着枪来了，可是四下一看，只有自己一个人。”

大约一年以后，陈勇逐渐摆脱了“光杆司令”的局面，小组人手逐渐增加。陈勇带领团队和英国 e2v 技术公司合作，共同设计了探测器芯片。同时，通过不断琢磨和反复试验，他们研制出了只有几百纳米薄的遮光膜以及和卢瑟福实验室同样精巧的准直器。

2012 年，低能望远镜团队遇到了一次重大挫折。“把两套样机放到卫星上进行联调测试，一下子出现很多问题。那段时间，每天都加班，夜里两三点才回家，可还是总有问题。”低能望远镜副主任设计师崔苇苇回忆说。经过细致的检查，团队发现，这主要是软件方面的问题，两套样机共 64 路探测器，路数一联多了。“程序多一个空行、挪一下段落，看着没什么问题，但实际上就是不行。”解决这些问题需要极大的耐心和严谨的态度。崔苇苇为每个版本的样机都做了详细的记录，笔记本记满了十几本。

好不容易渡过这一次危机，2014 年，低能望远镜团队又经历了一次“归零”。所谓“归零”，是指只要发现一点儿故障，不管大小，必须推倒，一切从零开始。故障归零制度是我国航天系统多年的惯例，谁也不能违背。

图 5-4 低能探测器机箱组装

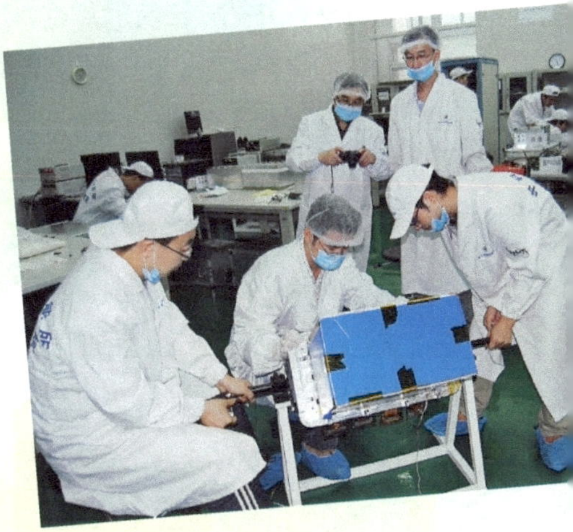

陈勇说：“在初样阶段做真空试验的时候，有半个机箱的探测器出了问题。我们就一块板一块板来排查，分析来分析去，认为可能是某个探测器的两个电极之间落了点东西造成了短路。我们就把这个探测器取下来，用显微镜放大了 200 倍，终于看清果然有一个几十微米大小的东西。这个连

肉眼都看不见的异物，该怎么清除呢？于是，我们买了一根毛笔，剪得只剩下一根毛，用这支只有一根毛的小刷子把它扫掉了。”陈勇说。

为此，低能望远镜团队改进了遮光膜的设计，并在准直器的下方安装了一层防尘膜，以防再有微粒从遮光膜或准直器掉到探测器上；同时，进一步改进了电子学的设计，以避免这种探测器大面积瘫痪的情况再度发生。

再遇“险情”：焊点“疲劳”造成十个月延迟

航天中的正样阶段，生产的产品都是准备要装机上天的。到了这个阶段，卫星的各项载荷都已经历过千锤百炼，一般来说，不会再出现什么大问题。然而，当 HXMT 项目团队 2014 年着手准备正样的元器件时，竟然又一次遭遇重大“险情”：卫星上的高压模块不能正常工作了。

“当时很着急！”卢方军回忆说，整个卫星一共需要安装近 60 个高压模块，这种大批量使用的元器件出现问题，是非常严重的故障。由于国内的高压模块质量不好，所以卫星团队特地从意大利进口了这种在全世界被广泛应用的高压模块。但是，意大利的高压模块在中国严酷的空间环境筛选试验中可能因为反复的热胀冷缩导致焊点“疲劳”开裂，造成功能受损。“重新买一批，可能会出现同样的问题。而且厂家还要重新备料，采购各种零部件，时间上也来不及。所以，我们决定返厂维修。”卢方军说。

但是，即便是维修，也花费了 10 个月时间。“我们在国内不断试验，寻找维修方法，并把方法告诉厂家，厂家修完后又把高压模块返给我们，我们再做试验，发现还是有问题。这样反复了多次，我们去了三次意大利，和厂家交涉。”卢方军说，“不过，别人不可能知道得这么详细。他们无法理解，一个细节上的失误就导致了这么长时间的延迟，我们压力很大。”

最终，HXMT 卫星有效载荷副总设计师徐玉朋找到了解决办法。“徐玉朋言语不多，特别冷静、特别有水平。出现问题以后，他找了各种各样的资料进行研究，最后尝试把高压模块上的一些硬连接变成软连接，终于解决了这个问题。在有效载荷很多技术问题的解决过程中，徐玉朋都发挥了不可替代的作用。他是我们的定海神针。”卢方军说。

地面团队：从使用者转变为设计者

图 5-5 HXMT 卫星地面应用系统科学应用部分研制团队合影

在负责地面应用系统的建设之前，宋黎明研究的是脉冲星高能辐射。“最难的是观念上的转变，从一个使用者到一个设计者的转变。”宋黎明说，以前，国内用的都是国外卫星的数据，大家的身份都是用户，只有数据分析的经验，从来没有关注过前面那一套系统是怎么建立起来的。

回想第一次去国外“取经”的情景，这位地面应用系统副总设计师坦承自己提了很多“傻问题”；别人如果也提一些问题，自己又“一问三不知”。

“中国确实做了很多空间探测的项目，但是，这是我们国家第一个将向全球科学家开放的空间科学卫星地面应用系统。一开始，大家都没经验，整体的流程是什么、怎样对用户开放、要提供什么产品、里面有什么关键问题等，都是靠慢慢摸索得出来的。比如，国外卫星的数据产品包括本底数据（噪声数据），可本底究竟是怎么做出来的，我们完全不了解，在建设这套系统的时候，我们就要反复琢磨空间环境到底是怎么变化的、本底数据是如何处理和加工的，把来龙去脉搞清楚。通过研制这套系统，我们已经掌握了整体的流程框架，以后再有新的卫星项目，基本上就没问题了。对于不同项目的特殊之处，该如何去处理，我们心里也有底了。”宋黎明说。在研制过程中，这位科学家感受到了巨大的复杂性，而这比自己研究脉冲星时所做过的最复杂的运算推演和程序设计还要复杂。

“这套系统关乎到卫星的性能、运行和寿命，以及随后的科学产出。原来做数据分析，我自己一个人就能处理，顶多再找几个学生协助一下。但是，建设地面应用系统，我们要提供 300 多种数据产品，分得很细，还要保证它们有用，能够得出正确的结果，可以想一想，支撑这些的程序库有多大！”

地面应用系统副总设计师屈进禄则指出，让团队每个成员最为痛苦的是从科研到工程的转变。“做科研天马行空，想到哪做到哪。你想写个软件，简单列几个步骤就可以开始编写了。做工程就完全不一样了，你要编写一个软件，先要回答一系列问题，包括需求是什么、如何设计、怎么实施、遇见问题如何处理等。这很费时间，但总体效率相对来说是比较高的。”

参天大树待长成

HXMT 卫星首席科学家张双南打过一个比方，中国的很多学科都已走在世界前沿，但天文学是一个“大坑”。不过，幸运的是，这个“大坑”里还长着两棵树：一棵是高能天体物理，一棵是引力波。

这也直接决定了这位科学家对于中国空间科学未来发展的根本思路。“今天这个领域做一点，明天那个领域做一点，后天再换一个领域做一点。如果这么做下去，这个坑只会越来越深，因为我们的每一个项目在国际上都只是起步水平，刚刚起步就停了，这棵树永远长不起来。”

他指出，在天文学领域，中国仍然无法跟美国较量，要跟欧洲全面竞争也是做不到的。中国在基础科学的研究方面至少比欧美落后了数十年，差距还是非常大的。“既然无法全面竞争，那么就在做得比较好的领域展开竞争。重点突破，而不是全面开花。全面开花，开的都是些不起眼的小花，还不如开出几朵非常漂亮的玫瑰花。所以，我们想继续沿着 X 射线天文这个方向走，我们已经有了一定基础，有仪器、有人才，如果再发展出更好的观测手段，就有可能跟欧洲并驾齐驱，甚至和美国一较高下。”

eXTP，下一朵玫瑰

实际上，在 HXMT 正式立项之前，张双南和他的团队就开始构想下一颗卫星了。“2007 年，我们正式提出下一个项目的设想，这将是一个巨大的跨越。我们要瞄准 10 年以后的科学目标来发展新的技术。所以，我们不仅要使用聚焦技术，而且要把聚焦的面积做大。”张双南说，现在，聚焦型 X 射线望远镜的主要问题是面积比较小。如果口径太大，焦平面探测器可能来不及分辨到来的每一个 X 射线光子，这也导致了聚焦型望远镜无法观测亮源。所以，下一颗卫星将安装十几个小一点的望远镜。单个望远镜看亮源光子之间也不混淆，十几个望远镜加在一起又能大幅提升灵敏度。

由于镜面制造是技术难点，张双南希望通过这个项目带动中国相关工业提升技术水平。“虽然科学很重要，但也很昂贵，而中国毕竟是一个发展中国家，所以，尽管从国外采购先进的仪器或许能够得到更好的科学产出，但我不愿意那么做。科学投入，既要看长期回报，也要讲短期回报，那些对技术有带动的事情我们要重点去做。”

同时，下一颗卫星将打开一扇新的窗口——偏振。“以前，大家只测量到达光子的时间和能量，以后，我们还要测量它的偏振。偏振是研究超强磁场和超强引力场一个非常好的工具。”张双南说。

2007 年，新的设想刚提出来时叫 X 射线时变与偏振探测卫星（X-ray Timing and Polarization mission，XTP）。2012 ~ 2015 年，XTP 背景型号获得中国科学院空间科学先导专项支持。在背景型号的研究过程中，欧洲的一个科学团队加入了 XTP 项目，并计划贡献大面积 X 射线准直望远镜和广角监视器。由此，项目的名称改为 eXTP，也就是“增强型 XTP”的意思。“同样的低能探测器，在 HXMT 上只有不到 400 平方厘米，但欧洲团队可以做到几平方米，比我们大 100 倍，发射时折叠起来，上天之后再展开，像太阳能帆板一样。”张双南说。

据介绍，eXTP 大约重 4.5 吨，能区覆盖范围是 1 ~ 20 千电子伏。“一开始，我们不知道鱼在哪儿，所以要大范围撒网，仪器覆盖的参数空间要尽可能广；一旦找到了鱼在哪儿，我们就要用更精密的仪器去做精细研究。尽管 eXTP 覆盖的能区比 HXMT 要窄得多，但在这个能段集中了世界上最好的仪器，可以看得非常清楚。”张双南说。

作为天文台级的项目，eXTP 已经吸引了欧洲十几个国家参与其中，包括德国、意大利、英国、西班牙、法国、瑞士、丹麦、波兰、捷克、荷兰等。eXTP 将成为中国发起和领导的最大型的天文卫星国际合作项目，有可能也是中国人发起和领导的有史以来有最多发达国家参加的大型国际合作科学研究计划。

“我们正在积极推动 eXTP 立项。欧洲虽然有一个规模更大的项目 Athena，但在科学能力上与 eXTP 完全互补。如果 eXTP 项目成功了，我们在这个领域就做到世界领先了。但是，美国最近拉着我们的欧洲合作者提出了一个无论是在科学目标还是在仪器方案方面都和 eXTP 高度‘雷同’的项目，而且立刻就得到了 NASA 启动经费的支持，开始进行论证，其目的是显而易见的！ eXTP 项目先于美国提出已经十年，至今尚未立项，但是已经面临美国的猛烈竞争和强烈挑战。HXMT 曲折和艰难的历史会不会重复？希望不会！”张双南说。

梦想，在宇宙更深处

要长成参天大树，当然不能止步于 eXTP。

“HXMT 主要研究银河系内的天体；eXTP 会对河内的部分天体进行精细研究，同时也会对邻近宇宙展开观测；再下一步，我们就想把研究范围扩展到整个宇宙。”张双南说。

宇宙中的很多问题，都有待更先进的 X 射线望远镜来解决。一方面，宇宙中大结构之间的碰撞、黑洞的成长演化都会产生 X 射线，需要 X 射线望远镜去观测；另一方面，宇宙中绝大部分的物质是以高温等离子体的形式存在的，它们产生的也是 X 射线，所以只有在 X 射线波段才能把这些物质观测清楚。这其中有一个重要的谜题——重子缺失问题。“根据目前的宇宙演化模型，宇宙中有 68.3%是暗能量，26.8% 是暗物质，另外还有 4.9% 是我们可以观测到的物质，叫重子物质。但是，科学家们找了又找，怎么也找不到这 4.9% 的重子在哪儿！在遥远的宇宙空间中，重子差了不到一半，而在我们邻近的宇宙中，重子就差得更多了。有一种解释是，这部分物质不发出可见光，所以看不到，但是会产生 X 射线，如果有了更先进的 X 射线望远镜，或许就能把它们找出来。”张双南说。

“我们现在要开始研制 eXTP 了，但同时也要发展下一代技术。HXMT 卫星有效载荷高能望远镜主任设计师刘聪展已经带领他的小组开始相关探测器技术的研究了。eXTP 的下一代望远镜，仍会采用聚焦的技术，但它的焦平面探测器会非常特别；视场要大，因为我们要研究整个宇宙。”张双南说。

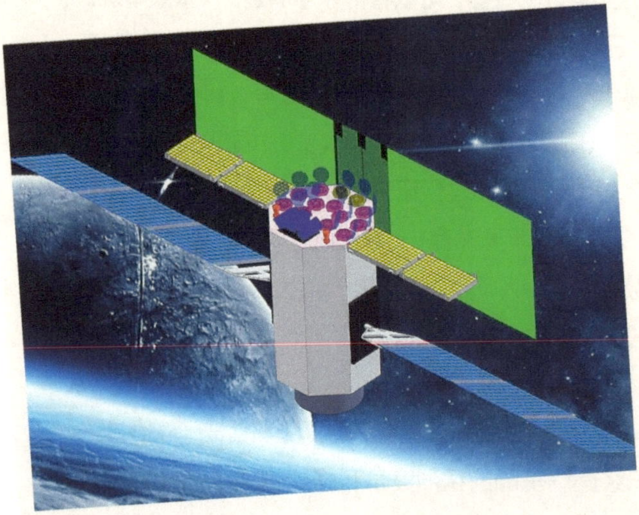

图 5-6　增强型 X 射线时变与偏振空间天文台（eXTP）

第六章

谱写宇宙诗篇

对于高天之外的未知，人类所能制造出的最好探测仪器也受到人类自身认知的局限，需要用想象力去提出“假设”。天体物理学家正是这样一群严谨地提出并检验“假设”，利用可靠仪器去探索未知世界的人。面对宇宙，他们就像爱因斯坦形容的那样，是“依靠想象力任意创作的艺术家”。

何泽慧：物理高原上的遗世之花

1970年3月20日，贝尔特彗星到达近日点，在地球的天空上拖曳出绚烂的光迹。一对中国科学家伉俪身处荒凉的黄土高原上，用最普通的量角器和自制的三脚架追踪着它，留下了这颗20世纪壮丽的彗星之一造访地球的“中国日志”。

这对伉俪就是被誉为“中国居里夫妇”的钱三强和何泽慧。当时他们正在陕西合阳的“五七”干校参加农业劳动，是何泽慧第一个发现了彗星的踪迹。

剧烈燃烧于地球大气的星体，点亮了何泽慧充满好奇的眼睛，也照亮了这株物理高原上的遗世之花。

为国：静默与刚烈并存的奇女子

北方有佳人，遗世而独立。1914年，何泽慧出生在江南名门——苏州何家的大宅里。何泽慧此辈从小接受中西合璧的教育，因此她从无“小女子”之态，而是胸怀大志，立意“静默地想办法救国”。

1932年，何泽慧考入清华大学物理系。时任清华大学物理系主任的叶企孙认为女子学不了物理，何泽慧带头“造反”，坚持留在物理系，最后竟以第一名的成绩毕业。毕业后，因身为女子而报国无门的何泽慧突破重重阻力，去了柏林高等工业大学技术物理系“实验弹道学”专业，成为该系第一个外国学生、第一个女学生。

国难之下，何泽慧性格中刚烈的一面逐渐显现。为得到真实枪炮的弹道数据，她夜里一个人点着蜡烛在实验室里测量。1940年，她首次提出测量子弹飞行速度的新方法，获得博士学位。

第二次世界大战爆发后，何泽慧滞留德国。她先后在柏林西门子公司弱电流实验室、海德堡威廉皇家学院核物理研究所从事研究工作。1946年，第二次世界大战结束，她和钱三强在巴黎结合后，来到巴黎大学著名的居里实验室工作。也就是在这里，他们联手发现了铀的三分裂和四分裂现象。

这一现象的发现为钱三强和何泽慧赢得了国际声名。但声誉和金钱已无法挽留一心向国的夫妻俩。1948年，何泽慧和丈夫带着刚出生七个月的女儿，历经1个月零8天的海上颠簸回国。

图 6-1　何泽慧

为家：不愿只当“钱三强的妻子”

何泽慧和钱三强的结合堪称中国科学界的佳话。但何泽慧的爱是内敛而含蓄的。女儿钱民协回忆，父亲生气或闷闷不乐时，母亲并不多劝，只是在书桌上默默留下一张写着“不生气”的纸条。

1949 年 11 月，回国后钱三强和何泽慧负责筹建中国科学院近代物理研究所，仅用了 6 年时间就建立起新中国第一支核物理研究队伍。1955 年，中央决定全面展开研制原子弹的工作，因此开始筹建“两弹一星”团队。但是，当钱三强被列入名单时，组织上考虑他们的家庭必须有人照顾，后来何泽慧并没有入选。但她在另一条“战线”上争分夺秒，毫不逊色。

在北京的实验室里，她开创性地开展了中子物理、裂变物理与轻核反应的基础性工作，获得了研制原子弹、氢弹所必需的关键性数据。由于核武器制造是国家核心机密，一些关键数据是真是假，只能依靠自己计算。很少有人知道，在研制最紧张的时刻，何泽慧两次领导团队在极短时间开展技术攻关，澄清了国外数据的分歧，让实验没走弯路，堪称力挽危局的“关键运算”。

这对相知、相守于青萍之末的科学伉俪，如两棵并立的木棉树，根相握在地下，却彼此独立成长出了参天的姿态。

有人问，她如何看待人们称其为“钱三强的妻子”？何泽慧傲然作答：“有人要介绍钱三强夫人，我根本不去。”这句在东方文化里看来颇为“出位”的回应，不正是她独立灵魂的最好写照吗？

为师："我们有何泽慧！"

1973 年，中国科学院高能物理研究所成立后，何泽慧担任副所长。高能所宇宙线研究室的一些年轻人想搞高空科学气球，搭载空间硬 X 射线探测器去开展空间天文观测。何泽慧一听就兴致盎然，意识到这是一个全新的科学"生长点"，全力支持。

不过，就在第一次高空气球工作会议在所里召开时，一位领导正好来此视察。一看会议室门口写的会议名称，大为光火，厉声斥责高能所领导为何不集中力量确保高能加速器任务的完成，"还搞什么气球？"没想到，何泽慧先生也在会上，并且在做热情洋溢的讲话。

何泽慧不仅行动上支持宇宙线超高能物理及高能天体物理研究，更站出来保护青年研究员的工作不受历史遗留问题的干扰。这在文化大革命刚刚结束不久的 1978 年，是需要莫大勇气的。

这些事令现今 78 岁的中国科学院院士、清华大学天体物理中心主任李惕碚感怀至今。支持一个全新的研究领域，对何泽慧这样成就斐然的科学家是要冒"丢脸"风险的。

何泽慧的学生马宇蒨和姜鲁华记得，每次在河北省香河县发放气球时，多在七八月，天气非常炎热，但何泽慧每场必到，短则几小时，长则半天，以示支持。

何泽慧最为看重学术思想的创新。对直接解调成像方法和基于该方法的硬 X 射线调制望远镜，她非常关心并给予了全力支持。李惕碚回忆："当直接解调成像方法取得初步成果的时候，何泽慧先生和钱三强先生就来到实验室了解相关情况，给我们以热情的鼓励""在 HXMT 立项面临困难的情况下，2009 年 5 月和 8 月，何泽慧先生两次致信国家领导人，请求关心 HXMT 项目，使我国抓住利用方法的原始创新，在一个新的领域取得突破的机会"。

李惕碚说："她崇尚原创，心仪'捆绑式实验'，珍视第一手的原始数据，而从不理睬那些流行的种种花样。权位和来头、排场和声势，以及华丽的包装，对何先生都没有作用。"

如今，大师西去，身影犹存。在这个喧嚣、浮躁的时代，人们的眼光多被"诺贝尔奖"所吸引，很少有人反思当下社会和科学发展所渴求的求实和原创精神。

为人、为学当何所学？李惕碚说："我们有何泽慧！"

李惕碚：科学路上的“少数派”

他头发半白，身材瘦削，骨子里却常常要和西方主流的学术观点“唱唱反调”；他言语温和，还经常爱笑，自己也觉得奇怪，学生们为什么对他个个言怕；他衣着朴素，骑着一辆破旧的自行车在校园里穿梭，脑袋里却思考着宇宙起源和结局这样的大问题……

他就是中国科学院院士、中国科学院高能物理研究所研究员、清华大学教授李惕碚，中国首颗 X 射线天文卫星背后的“灵魂人物”。

为了 HXMT 能够立项，他奔走呼吁长达近 20 年，而他的心中则装着中国自然科学发展的大图景、大目标，这注定是一条不平坦的道路。

父亲的影响

还在小学时，李惕碚就定下了自己一生的志向：走科学之路。

在一个本该无忧无虑的年纪，李惕碚为什么会思考如此深远的问题呢？谈到原因，他认真地说：“我出生在一个知识分子家庭。”而父亲李乐元正是他人生中的

图 6-2　李惕碚

第一位“导师”。

李乐元毕业于北京大学化学系，在兵荒马乱的青年时代就立志成为一名科学家。毕业之时，正逢民族实业家、中国西部科学院院长卢作孚要物色一名化学专业的研究人员，李乐元就这样千里跋涉来到了当时的西部小城镇——北碚。

从中国西部科学院理化所研究员到代理院长，李乐元在北碚工作了 20 年。抗战时期，国民政府确定重庆为陪都，一时间，全国有上百家科研机构、大专院校、文化单位等迁到北碚，中国西部科学院便无偿地把各研究所的房屋、设备、仪器、图书和标本等提供给他们使用，使他们在大后方能够迅速恢复教学、科研。

可以想见，生于 1939 年的李惕碚从小就在浓厚的科学氛围中长大。或许，他经常在父亲的办公楼里看到各种各样的实验装置，或者在父亲筹建的中国西部科学博物馆里玩耍参观……

李惕碚在家中排行第三，也是父亲李乐元最感骄傲的孩子。事实上，李乐元对五子一女的教育都十分重视，自己精打细算、省吃俭用，甚至卖家具、卖衣服，也要供孩子们上好的学校，使他们成为科学研究人才。就是在那样的情况下，他还买来一整套少年百科全书给孩子们读。

李惕碚认为，虽然自己的学术成果比父亲多，但自己的工作精神却远远不如父亲，自己的才能也无法和父亲相比，“我们弟兄几个只是各自继承了父亲才华的某一个方面，我们合起来才可能是父亲。”

哲学的启发

新中国成立之初，全社会都在普及马克思主义。一个名叫《学习》的杂志逐期介绍了马克思主义的启蒙读物《社会发展简史》，这让10来岁的李惕碚一下着了迷：“原来人类社会的不同阶段都可以用科学理论来解释，这简直是不可思议！”

少年时代的震撼让这位科学家永生难忘。就是从那一刻起，哲学的种子在他心中深深扎根，随着人生阅历的不断丰富而破土、开花、枝繁叶茂，成为他漫长而曲折的科学研究之路上的一道风景、一种指引。

中学时代，李惕碚被量子力学中的哲学争论所吸引，并决定考大学时一定要选物理系。高中快毕业时，清华大学的工程物理系刚刚开办，主攻原子能科学技术，李惕碚义无反顾地选择了这个专业：“第一，研究原子能，量子力学是基础，满足了我对前沿物理和哲学的双重兴趣；第二，当时以为可以去造原子弹，为中国人争气。”

1957 年，李惕碚步入了梦寐以求的清华大学校园，然而，“三年困难时期”也接踵而至。“大家都吃不饱饭，很多人饿死，年轻人的思想非常混乱。”为了理解复杂的社会现实，李惕碚花费了大量的时间阅读哲学经典。

就在这段时间，李惕碚接触到影响他一生的书——列宁的《哲学笔记》。“列宁做的哲学笔记对我的震动非常大。我也在读黑格尔、康德，但是我的学习方法跟列宁完全不一样。他在书上画了很多符号，有时写上‘胡说’，有时批注‘很好’，完全是在和作者进行平等的交流和争论。后来，我也学习他的方法，在书上做笔记画符号，叉呀、钩呀、惊叹号，我也用这个方法来学习物理。”

大学时代形成的学习方法和思维习惯造就了李惕碚之后数十年科学研究的风格。他从不迷信任何学术观点，反而总是想要“挑挑毛病”。事实上，他的很多科研成果都是建立在挑战前人结论的基础上，例如在 20 世纪 80 年代建立了银河伽马射线的统计模型，首次给出银河宇宙线产生高能伽马射线的定量估计，并指出国际普遍接受的 2CG 星表所发现的宇宙伽马射线点源约有一半是不真实的。经过多年的争论后，这一模型的正确性才被观测证实。

“我总想做一点新的东西，特别是做跟西方主流不一样的东西，尤其是在长期的争论之后，最后证明我对了，这是特别让人愉快的事情。”李惕碚说。

发现新“大陆”

1963 年从清华大学工程物理系毕业时，李惕碚只填了“二机部”（当时的核工业部）一个工作志愿，后来看见分配通知上的单位是“二机部 311 工程处”时，他高兴地以为实现了参加原子弹研制的愿望。其实，311 是中国原子能科学研究院云南高山宇宙线观测站的代号，同原子弹一点关系也没有。就这样，李惕碚走上了基础研究的道路。

1980 年，李惕碚第一次走出国门，到英国做访问学者，“当时，国内刚刚有计算机，我要跑到中国科学院计算技术研究所去做计算，程序要一个孔一个孔打到纸带上去；到了英国，电脑已经有操作系统了，还有机会接触到前沿的数据。”李惕碚回忆说。

面对这么好的条件，同时又能和非常优秀的外国学者共事，李惕碚如饥似渴地学习和工作着。不过，当节奏过于紧张时，他也找到了一种独特的排解压力的方式——看恐怖片。“当时，国内的恐怖片很少。国外的恐怖片，像吸血鬼、僵尸这类的，挺吸引人，还能转移紧张感。”

不过，恐怖片的桥段只是这位“不接地气”的学者为数不多的一个“趣谈”，他的脑子里大部分时间都装满了各种各样的科学问题。从英国回来后，他开始认真思考，如何让中国在高能天体物理领域赶超世界前沿？

在李惕碚的推动下，中国科学院高能物理研究所开始尝试用高空气球搭载硬X射线探测器，到大气层之上进行观测。“美国一个气球上的硬X射线仪器要花费几百万甚至上千万美元，而我们的球载探测器作为中国科学院的重点项目，也只获得几十万人民币的支持，怎么去和美国比？”李惕碚指出，在硬X射线这个波段天体成像尤为困难，这是造成探测器代价昂贵的主要原因。“硬件做不起，中国人想都不要想。这就逼着我们去创造新的成像方法。”

于是，李惕碚和自己在科学道路上多年的老搭档吴枚研究员一起，着手在数据处理方程的海洋中开辟新的航道，想利用现有的不能成像的仪器来实现成像。1987年，大麦哲伦星云中的超新星爆发，李惕碚、顾逸东和同事们一同前往巴西做高空气球观测实验。彼时，他在巴西，吴枚在国内，两位天才仍在日夜不停地演算和修改着新的方程。“几个月后，我回到国内，发现我们俩差不多在同样的思路上前进，整条思路都是我们互相讨论、互相补充形成的。”李惕碚说。

1992年，李惕碚和吴枚正式建立了直接解调方法。与西方在20世纪70年代发展起来的复杂和昂贵的编码孔径成像技术相比，这种方法利用技术成熟、造价便宜的准直探测器（非成像探测器）的扫描数据，就可以实现高灵敏度和高分辨率的成像，技术优势十分明显。

1993年，李惕碚正式提出了基于直接解调方法的硬X射线调制望远镜的建议。这是一个“野心勃勃”的空间科学计划：完成人类首次硬X射线成像巡天，发现大批黑洞，深入研究中子星和黑洞强引力场中的动力学和高能辐射过程。如果该项目能及时实现，中国将在一个重要的基础科学前沿实现跨越式的发展。

赤子之心

然而，让李惕碚没想到的是，从提出建议到正式立项，一等就是 18 年。

在为项目奔走呼吁的漫长过程中，李惕碚坦陈自己“发了一些牢骚”，项目进度一拖再拖，科学新发现的机遇一窄再窄，一位科学家的满腔热诚都化作了无尽的焦急和遗憾。

“中国近代很落后，我们这一代人，受到钱三强、何泽慧、王淦昌等老一辈科学家很深的影响，真正希望推动中国的自然科学走向世界前沿。”正如李惕碚所言，他的牢骚里没有掺杂任何个人的恩怨得失。

李惕碚也从老一辈科学家身上汲取了克服困难的勇气和韧劲。不管是学术争议，还是经费得不到落实，他从来没有放弃过。而文化大革命期间，我国高能实验物理的重要奠基人张文裕先生的一番教诲让他铭记至今：“先生用自己的经历说明，即使在欧美国家，基础研究也不容易受到重视，需要耐心地说服政治家和出资人。他勉励我们既要保持热情又要有耐心，不要过于着急。”

HXMT 终于在 2011 年正式立项，之后历经五年艰辛，最终研制成功。虽然已从研制工作一线退下，李惕碚谈到发射上天时，连说自己很紧张，“就像当年放气球一样，每一次发射之前都很紧张。”

随着国外硬 X 射线望远镜陆续升空，HXMT 已经失去了很多新发现的机遇，但是李惕碚对这颗卫星仍然寄予了很大的期待：“它还是建立在直接解调的新方法的基础上，而且比起当年的设计，功能大大扩张了，目前是这个领域里能量范围最宽、分辨率最好的望远镜，很有希望获得重要的结果。”

严师益友

在争取 HXMT 立项的过程中，围绕这颗卫星的需要，许多李惕碚的学生先后被派遣出国学习、交流、取经，他们回国后分别承担起有效载荷、地面应用系统等各个关键部分的设计和研制重任。这一点也让他倍感欣慰：“在这么长的研制过程中，一支非常好的技术和科学队伍成长起来了。”

不过，这个团队里几乎每一位他的学生，提到“李老师”，第一个反应就是“害怕”。“我们怕他，主要是觉得自己还不如老师勤奋努力，在他面前感到惭愧。”HXMT

卫星有效载荷总设计师卢方军说。

“他那么大年纪了，平常走得比你还晚，事情做得比你还快，大年初一一个人就跑到办公室开始工作了，你说你压力大不大？”HXMT 卫星地面应用系统副总设计师宋黎明谈到严师，不由地回想起一则往事，“有一次讨论，我说，目前在数据分析这个领域，我们可能是国内做得最好的。他马上把我批评了一通，认为把眼光放在国内标准太低了，要到国际上去争第一。他对我们要求非常高，不允许我们有半点骄傲。”

李惕碚对学生们的敬畏之情有所耳闻，但却不太理解。“我心眼蛮好的，怕我干什么？可能，我和他们除了谈天文谈物理，很少闲谈，显得不太平易近人吧。有一次，我问一个学生关于她的一个同学的婚恋传闻，结果惹得那个学生惊呼：李老师，你也关心这种八卦呀？好像我完全不食人间烟火似的。”他说着笑了起来。

而谈到老搭档吴枚，李惕碚最爱用的一个词是“吵架”。两个人常常因为在学术问题上的分歧，吵得不可开交，隔着几间办公室都能听到。

虽然争论起来互不相让，但最终还是李惕碚说服吴枚的时候多。在吴枚看来，李惕碚是一个深刻的人。“很多大物理学家在方程还没有解出来的时候，就能洞见到结果大概是什么样子，这就叫深刻。时间长了，就能体会到他的深刻。”

吴枚不爱听学术报告，而李惕碚听完后，三言两语对吴枚一讲，就能把他的注意力吸引过来。“他能从纷繁复杂、众说纷纭之中找到要害，找到要害之后又知道从哪里突破。这就好比在地里刨白薯，他等于是把白薯刨出来、洗干净，搁在我面前，我当然一看就知道这是好东西。”吴枚说，“我们合作得多，很多东西都是受他的启发。”

更大胆的挑战

HXMT 团队出色地担负起工程组织、望远镜研制和科学系统建设任务，李惕碚对此十分感谢，这也使他在最近十余年有机会跟踪宇宙学的进展。

2003 年，美国探测宇宙微波背景辐射的卫星 WMAP 发布了宇宙组分：暗能量 73%，暗物质 23%，普通物质 4%，学界称此举使宇宙学从此成为“精确科学”。在考察了 WMAP 测量和数据处理过程后，根据多年实验观测工作的经验，李惕碚怀疑其结果不可靠。之后，他和学生刘浩找到了其中存在的严重的系统误差，并重新分析了 WMAP 的原始数据，得出了新的结果。2009 年，李惕碚在中国天文学会学术年会的报告中公布了新的宇宙组分：暗能量68%，暗物质27%，普通物质5%。虽然这个结果在国内外专业刊物上都发表不了，只能放到网上，还是引起了广泛关注和热烈讨论，大家都等待着欧洲空间局2009年发射的性能远高于WMAP的微波背景卫星Planck的结果来判定是非。2013年3月，欧洲空间局宣布Planck得到的宇宙组分：暗能量68.3%，暗物质26.8%，普通物质4.9%，与李惕碚组的结果几乎完全相同。虽然Planck组完全不提中国组的工作，但在新结果发布后的两三天内超过200人访问了几年前他们放到网上的那篇文章。

李惕碚说："从WMAP和Planck的数据，我们还得到了一个更重要的结果：微波背景温度分布的四极矩在误差范围内为零，它表明极早期宇宙几乎不存在温度和密度涨落。这个结果不但与建立在广义相对论基础上的大爆炸宇宙学不相容，也完全违背了量子场论对于真空涨落的预期。这个结果的颠覆性严重到使基础物理和宇宙学的诸多学者回避同我们讨论，却促使我认真地考查宇宙学的观测事实和理论基础。"

这一次，李惕碚要挑战的是以爱因斯坦、霍金为代表人物的宇宙学标准模型。在这个深入人心的主流模型中，宇宙诞生于一次大爆炸，将在不断地加速膨胀中最终走向大撕裂。"爱因斯坦在提出广义相对论的时候，只知道有物质，不知道有暗能量，整个宇宙只有相互吸引的力，没有相互排斥的力，所以他创造的广义相对论的引力理论适用于黑洞这样的天体系统，却不能用于描述宇宙。"

经过数年的酝酿，对于宇宙的构成、起源、演化及归属问题，李惕碚给出了完全不同的回答。不过，李惕碚指出，这种新的模型是否正确，还需要天文观测来检验，按照现在的发展态势，5～10年之内应当可以判定谁是谁非。

他解释说，对当代人类智慧的一个最高代表——爱因斯坦引力理论的验证和发展，不能依靠宇宙学观测，而需要通过观测黑洞、中子星等致密天体附近的物理过程和演化来研究强引力场下的物理规律。虽然HXMT卫星已经失去了不少发现新黑洞的机会，但是通过研制团队的长期奋斗，HXMT从单一能区以发现为主要目标的探测器发展成为在X射线全波段进行天体物理研究的高能天文台，这就提供了取得重要成果的新机会。

人类实现"超越爱因斯坦"的目标需要持续的努力。"在中国，从发展高空气球到发射空间天文卫星，这个过程汇聚了两代人近40年的努力。现在，通过HXMT项目成长起来的研制和科学队伍，以及他们取得的空间探测器国产化的优异成绩，也是我们实现最终的科学目标的可贵基础。"李惕碚说。

图 6-3　吴枚

吴枚：于无声处有惊雷

“你去问问大师吧！”“这个问题只有大师能谈清楚！”在中国科学院高能物理研究所的粒子天体物理中心，很多年轻的研究员都听过这些话。等他们又成了新人眼中的“老师”时，也会不知不觉把这些话念叨给晚辈们听。他们口中的“大师”就是吴枚研究员。

年近 70 的吴枚就这么背着手走了过来，极为削瘦，略有些驼背，头却仰着，神态傲然。但当他注视着你讲话时，你会意识到眼前这位老人出自书香门第，用词遣句干净、准确，举手投足颇有派头。

他算得上大师。在中国高能天体物理界，无人不知“吴枚”两字。但是如果你在互联网上搜索这个名字，多半会失望。他的能力和雅望只活跃在极为纯粹的科学探索中。生活中，他是一个低调和忠诚的朋友。常年不摘的黑色墨镜和鸭舌帽是他的“保护色”。他用好听的普通话讲那些让他热爱的事，旁人觉得千难万险，他却很释然，好像那不是他自己。

心事浩茫连广宇，于无声处听惊雷。

数理之美的“信徒”

吴枚喜欢美的东西。数学也好，物理也罢，让他由衷感到愉快的，与其说是不断解谜的乐趣，不如说他发现了科学深处的逻辑之美。

从 1974 年进入中国科学院高能物理研究所宇宙线室以来，他擅长计算的能力就逐步显现出来。吴枚自谦这是“北大重视数学的教育环境”使然。文化大革命前，他在北京大学读技术物理，梦想着能研制原子弹。后来，虽然理想遭遇蹉跎，但他数理兼备的理论功底却没丢。

由于年龄相差不大，吴枚和李惕碚、顾逸东等年轻人经常在一起谈论时事，探讨国际物理学的一些动态和发展趋势。

吴枚记得，20 世纪 70 年代末李惕碚就提出可以通过高能光子探测天体。但是高能光子只能在大气层之上才能观测得到，国内还没有相应的观测工具，更不用说卫星搭载观测。怎么办？自己动手造。用什么上天？高空气球。在这批年轻人的努力下，高空气球搭载球载硬 X 射线望远镜系统的想法获得了所里的支持。数理俱佳的吴枚成了“跨界”选手：一方面他要和李惕碚、陆柱国一起研究探测器；另一方面也要帮顾逸东的团队计算高空气球的各种参数。

由于一切都要从零开始，这些凭着责任感冲入高能天体观测的年轻人又一头扎入了工程领域。有个科学圈里的“地下定律”是：物理学家和工程师之间有着一条看不见的“沟”——有的人可以“轻松”跨越；另一部分可能终生都跨不过去。而吴枚不仅是“前者”，还顺便把数学家和物理学家之间的“沟”给跨过了。

但他坚称自己不是数学家，因为“基础还是太差了”。但是在高能天体物理界，吴枚和李惕碚联手做了一件“大事”——直接解调成像方法。这件事有多厉害呢？简单地说，就是它不仅在西方科学界盛行的“编码孔径成像方法”之外另辟了一条更为便捷的“路”，还是以后的硬 X 射线调制望远镜最核心的技术基础，未来更有可能在光学照相机上取得难以想象的突破。

但是，在直接解调成像方法提出之初，由于它实现的成像背景异常干净，却被质疑为“魔术”“弄虚作假”。这是因为这个方法太有想象力了！它居然跳过了常见的“线性”“优化拟合”的思路，直接从半路开始解原始的成像方程，最后反演出了硬 X 射线的源头和图像。打个比方，就好像大家都在一条路上赛跑，大家都在研究怎么跑得更快，但有一个人却从半路抄了近道，提前到达了终点。

怎么做到的？吴枚轻描淡写：“方法的本质是在物理约束下直接解成像方程。”听不懂？很正常，因为很多物理学家都不明白。他坚称是李惕碚“找到了正确的路”，自己只是“恰好”在数学上提供了一些“灵感”。但哪一项科学创新的背后不是漫长蛰伏后的蜕变呢？

从20世纪80年代初的灵感乍现，到90年代初基本确认方法的成功，吴枚一刻不停地在演算着。他要在数学上证实这个理论是完善、可行的——“为什么原来人们解不了这个方程？我们为什么能解了？数学上能不能展示出这条路通向哪里？未来能不能更进一步，能不能颠覆出更好的东西？”

在普通人看来，这种追求已经近乎一种严苛的修行。但吴枚说；“理论研究必须这么做，才有意思。”他是觉得科学研究“有意思”，而且“漂亮”。直接解调成像方法得出的图像“漂亮”，光学遥感图像“漂亮”，用非线性方法解决不稳定的线性方程更“漂亮”。

有时，吴枚会觉得自己“陷得太深”。其实，他是乐在其中。

聪明的“老实人”

在晚辈眼中，吴枚是一个“神级”存在，但却不遥远。HXMT卫星有效载荷总设计师卢方军记得，只要他感兴趣的领域，他就会找一本书来看，看完就“通”了。有人专程来所里找他解决问题，他去一趟，问题就解决了。他也喜欢诗词、围棋和歌剧，时常流露几分赤子情态。

吴枚的夫人是一位老师，温柔美丽，和吴枚是中学同学。有一次，卢方军问吴枚老师是如何把师母“骗”到手的，吴枚说：“她说我又聪明又老实。”此话可谓一语中的。对于有才华的人，人们不免觉得大多高高在上、恃才傲物，吴枚身上却丝毫不见这种气质。相反，他的内心是如此温暖和真诚，令人心折。

1968年，吴枚从北京大学毕业，却因为父母是“走资派”被分配到了德州无线电厂。他不仅没有消沉，反而结下了终生的工程之缘。有一次，他发现绕变压器的绕线机对线杆的运动要求居然是一个微分方程问题，就想办法解了出来。工人按着结果一做，果然成功了。从此，工人们一有问题，就喜欢跑去问他。回想这段经历，吴枚说他得到了受益终生的教训：书上得来终觉浅。这让他从一个书呆子变成了“动手派”。

在 HXMT 项目研制的时候，有一次需要设计一个模拟卫星运行状态的转台。对方一开口就要价 400 万，吴枚不服气，决心自己做。大家都担心做不出来，他却不慌不忙找到了一个人。这个人不仅默默无名，而且还是初中学历，这能行吗?

“我知道他行。”吴枚说，“因为我接触过机械，我知道这是一个什么样的问题，需要怎样的人才去解决。”果然，他们仅用了一年时间，只花费 6 万元就把这件事完成了。更神奇的是，这位名叫张童的工程师，从此进入航天工程领域大放异彩，显示出过人的勤奋和天赋。他有一个“江湖救急”的传说是：别的工程团队已经陷入绝境，张童一去，十几分钟就解决了问题。

现在，张童是 HXMT 卫星有效载荷主结构主任设计师。如果把 HXMT 卫星的探测器比作人的眼睛，那么，这套主结构就像人的躯干。在任务紧急、难度极高的情况下，他们提前半年圆满完成了正样的研制任务，带出了一批具有独立工作能力的优秀年轻人。

这也是吴枚唯一称之为“贡献”之事，“如果说我对这颗卫星有何贡献，大概就是发掘了这样一批人才吧！”他有识人之智，更有爱才之心。对于同事和晚辈，吴枚寄予热望，认为他们“聪明勤奋，远非自己能比”。

“不服气”的实验精神，成了吴枚的标签，另一方面也成了一种负累。他经常感觉“太累了”，没有时间好好做理论研究，但一旦到了技术攻关的关键时刻，他又总是冲在第一线，越是危急险重，越不推脱。

硬 X 射线望远镜有一个关键部件要用到光电倍增管，第一代产品研制了 4 ～ 5 年时间，其间不仅要用有毒的铅做屏蔽，还要用放射性物质钴 60 检验它的性能。配合做实验的工人跑了两次，有时做起实验来整栋楼就吴枚和同事张承模两个人。

“希望他们跑，但这些事总得有人做，有人做傻瓜，”吴枚说。他不愿意多谈这些事。他也很少跟家人提起，只是颇有些别扭的说：“工作上的事，她又不懂。”其实，他是怕妻子担心。

周围的人回忆，当时在几乎没有像样防护措施的情况下，放射性试验一共持续了近一个月，每一天两个人都收到医生严厉的警告，白血球细胞严重不正常。这些事给吴枚造成了终生的影响。他吃不下饭，胃一直不好，因此变得极为消瘦。

吴枚总爱说一句话：“实验不是一般人能做的，需要心胸极为宽广，为人诚实清白。”他也以此交友、识人。对于非科学精神之事，吴枚拍过桌子；对于包藏私心的无端指责，他“咬牙切齿”；对于金钱和名利，他能躲多远就躲多远。

卢方军说，吴枚不是“院士”，但在很多认识他的人心中，他早已是科学高原上的“大师”。

张双南：宇宙中的最美还未发现

他的微信朋友圈显示他很忙碌：骑共享单车、晒美景美食、探究黑洞、钻研美学、写诗著文、做科普讲座，遇到不公事还要打抱不平……

然而，这远不是他的全部。实际上，他身兼硬 X 射线调制望远镜和“天宫二号”伽马暴偏振探测两个重要项目的首席科学家，他的研究是通过天文观测和理论计算来理解中子星、黑洞、星系、星系团以及宇宙演化。他还在计划中国下一代 X 射线太空望远镜以及未来中国空间站上的天文观测项目……

中国科学院粒子天体物理重点实验室主任张双南的一天仿佛不止 24 个小时。了解他的同事评价他：勤奋。分不清办公时间和业余时间的张双南总是把桌上的电脑架得高高的，站着办公，这样既能帮助治疗腰椎间盘突出，又能防止看东西犯困。

黑洞与美是张双南的最爱。“黑洞为什么‘发脾气’？美女为什么美？这些研

图 6-4 张双南

究都让我觉得好玩有趣。”这位 54 岁的天体物理学家谈到自己的专业与爱好时依然带着顽童般的笑容。

结缘黑洞

1962 年 12 月出生于河南一个知识分子家庭的张双南从小学习成绩非常优秀。清华大学毕业后，他考入中国科学院高能物理研究所攻读硕士学位，他的指导老师是被誉为“中国居里夫人”的著名物理学家何泽慧院士和中国高能天体物理开创者之一的李惕碚院士。之后，张双南赴英、美留学。

1992 年张双南到美国国家航空航天局（National Aeronautics and Space Administration, NASA）工作。由于他曾申请过一家医院的工作，研究了医学图像。在 NASA，张双南“异想天开”地用医学成像专业软件处理天体观测数据，结果发明了“地球掩食成像”技术。1994 年张双南以第一作者的身份把这个图像处理方法的研究成果发表在权威学术刊物《自然》上。

银河系内一个“脾气暴躁”的黑洞能得以发现正是由于张双南如此不按常理出牌。他当时每天都用“地球掩食成像”技术分析伽马射线天文卫星的数据。“突然有一天，我发现了一个新的而且是当时太空中最明亮的伽马射线天体，我感到极为震撼。”张双南发现的是银河系内的第二个微类星体——一个 7 倍太阳质量、能产生喷流的“脾气暴躁”的黑洞。

这次偶然的发现，让张双南专注于黑洞研究。后来张双南和同事们又发现了几个黑洞双星系统，并获得了 NASA 颁发的“集体成就奖”。1997 年张双南和另外两位华裔科学家崔伟、陈莞一起，提出了一个测量黑洞自转的方法，并首先测量了一批黑洞的自转，引起学术界的巨大兴趣。学术界现在用来测量黑洞自转的两个主要方法之一是张双南发明的。2000 年，张双南又以第一作者身份在美国的《科学》杂志上发表了黑洞研究的成果。

“人类在 20 世纪 70 年代确认有黑洞，但是能够产生喷流的黑洞是很晚才发现的，最近不断有科学家发现了原先没有预料到的黑洞性质。所以只要对黑洞的观测越好，就会带来更多惊喜。另外，如果问天文学研究哪个方面与公众最近，那就是黑洞。很多人不了解天文，却知道什么是黑洞。”张双南说。

2001 年，一直在不遗余力推动硬 X 射线调制望远镜研制的李惕碚院士获得科技部的资助，他希望张双南能回国帮助他研制这颗卫星。张双南就欣然回国了。从此，他为这颗卫星投入了16年时光。《科学》杂志的记者曾经在采访中问张双南为什么回国，他回答说：“在国外的教科书上看不到中国科学家的贡献，这让我很难受，我要改变这种状况。”

硬X射线调制望远镜从论证到立项经历了曲折漫长的过程。10多年来，张双南始终坚信卫星肯定能够做成。在硬X射线调制望远镜的研制差不多完成时，经常突发奇想的张双南给本来是为研究黑洞和中子星的卫星又添加了观测伽马暴的能力，让这颗卫星的科学能力得到了显著的拓展。

张双南的几位学生都提到，张老师思维活跃、兴趣广泛，往往能从看似平凡的观测现象中得到非凡的结果。他讲解问题时逻辑性强，很专业的知识经他一解释就很容易明白。他给予学生充分的学术自由，鼓励学生多思考，多参加学术交流。

寻找宇宙之美

恩师、女儿、黑洞、蓝天、春花、油条……这些在张双南眼中无不是美好的。张双南的一个业余爱好是研究美学，这可以追溯到20世纪80年代初。那时中国刚刚改革开放，中国人忽然知道有美学，都在讨论谁是最美的。有人说邓丽君美，但有人认为她不够美。天生就喜欢刨根问底的张双南就在思考为什么。“我根深蒂固的理念就是所有事物和现象背后都有规律，我就在想审美是否有规律。”

天体物理学家研究美学也是与众不同的。他把归纳、证实、证伪，以及逻辑化、定量化的科学方法都运用上了。慢慢地，张双南总结出了美就是“没缺陷、不常见”。

很多人攻击张双南的美学理论，但他毫不在意。别人信不信，那是别人的事，他继续对美的研究与思考。“每一次我觉得我搞清楚了，又开始怀疑我搞清楚的是不是最根本的，我不知道什么时候这个事才能结束。”

张双南的美学是可以写出公式做计算的，他称之为计量美学，并希望能够研制出审美机器人。“如果未来的机器人都不能区分美与不美，那很无聊呀。我相信审美机器人最终会有巨大的商业应用价值，包括用在选美、选配偶、艺术设计、建筑设计等。”

张双南在繁忙的科研之余经常参与科普活动。在公众讲座上，他从苏格拉底讲到爱因斯坦，从宇宙大爆炸讲到引力波，旁征博引、幽默诙谐地阐释“美的科学”和“科学的美”。

他说：“我们在宇宙中存活的时间与宇宙相比实在太短暂了，我们的人生就是审美的人生。“我认为宇宙中最美的还没有发现，将来会给我们带来惊讶的那一瞬间，会是最美的。我们总是在追求最美，就是永远寻找我们以前未知的。科学就是不断去寻找宇宙中我们还没发现的、还不理解的东西。”

张双南认为，技术创新的目的就是弥补原有技术的缺陷从而发明不常见，而科学创新的目的是修补原有理论的缺陷从而发现不常见，因此科技创新本质上就是对美的追求。同时，科学探索充满了意外，意外就是最大的不常见，这样的科学成果最美！

“天文研究中最有趣的发现都是意外的，除了带领团队承担重大科学研究项目之外，我个人的科学研究就是想理解什么就做什么，我发表的大部分论文都是这么来的。有人批评我这样不能出重大成果，但是我就是喜欢这样，好玩啊！”

刨根问底乐此不疲

张双南在大学期间读了诺贝尔奖获得者史蒂文·温伯格写的《最初三分钟》。书中介绍了宇宙大爆炸后三分钟的时间里发生的奇妙景象，让他第一次感受到科学的巨大威力。

张双南认为，科学的目的既不是造福于人类，也不是危害人类。科学的目的是刨根问底，也就是发现各种规律。“科学在最初大部分都是没用的，但是现在对我们的生活发生了巨大影响的技术却都是来源于那些当初‘最没有用’的科学，因此现在‘无用’的科学其实是最应该做的。”

张双南直言：“中国古代的四大发明是技术，并不是科学。我们更应该去追问技术背后所隐藏的科学道理。科学是人类文明的重要组成部分，作为文明大国，中国有责任和义务为人类文明作出贡献。尽管我们希望中国最终成为世界上科学研究领先的国家，但是这需要很长的过程。”

“科学研究是发现新的规律、新的现象，每一次研究取得进步，科学家都是第一个知道的人，当然也是第一个体会到科学之美的人，这就是科学研究带给我的最大快乐。”张双南说。网上有人问张双南：“如果生命只剩下 60 秒，给此生留下的一句话是什么？”他答道：“理解和试图理解这个世界、这个世界的组成以及在这个世界上生活的人类真的是很好玩，我曾经乐此不疲，希望留下的你们也是如此。”

卢方军：这颗卫星，是一生中值得回望的山峰

20 岁那年，卢方军来到中国科学院研究生院看望昔日的同学。透过同学宿舍的窗户向北望，他一下子被眼前的院落吸引住了：一楼一路、一草一木，都干净简洁，散发出一种质朴的力量。

“这是哪里？”他好奇地问同学。没想到，卢方军后来的人生走向却和这一问紧密联系在了一起。得知窗外是中国科学院高能物理研究所，他随口说到“那我将来到这里来读博士”。后来，几经波折，卢方军果然来到了这个让自己“一见倾心”的院子里，师从高能天体物理学家李惕碚院士，并成为中国首颗 X 射线天文卫星有效载荷的总设计师，为此一忙碌就是十几年。

然而，即使为这颗卫星倾注了如此漫长的心血，卢方军仍然觉得自己这个总设计师“名不符实”。这位以数据分析和观测研究为志趣的科学家一再强调，自己“对探测器和电子学都只知道点皮毛”，做成这颗卫星，完全是下面各个技术团队的功劳。

最早提出 HXMT 概念的李惕碚院士却认为，卢方军是不能忽略的关键人物之一，“尤其是在为这颗卫星扩展低能和中能望远镜的功能方面，他发挥了十分重要的作用。”

图 6-5　卢方军

HXMT在最初被提出来之时只有硬X射线探测器，也就是高能望远镜。然而，从1993年酝酿想法到2011年真正立项，这颗卫星曲曲折折历经了18年，卢方军笑称“一条好汉也长成了”。增添低能和中能望远镜，是使这颗卫星重新赶超科学前沿、焕发科学光彩的重要一笔。

现在，作为一颗天文台级的空间科学卫星，HXMT 集高中低能望远镜于一体，首次实现了 1 ~ 250 千电子伏的能区全覆盖，将为揭开黑洞、中子星等致密天体的神秘面纱贡献重要力量。

用摄影对抗排山倒海的压力

2002 年，卢方军在美国做了一年多博士后研究之后返回中国科学院高能物理研究所，正式加入到 HXMT 这个项目中来。就像当年的“窗前决定”一样，卢方军的这一次抉择也是感性多于理性。“毕业后我的研究方向与 HXMT 的主科学目标并不是特别相关，就是出于很朴素的师生情感，看到李老师那么大年纪还在为这件事操心，觉得应该帮帮他。”渐渐地，从起草项目建议书到组织任务实施，卢方军一步步担纲起 HXMT 有效载荷的“大总管”。这期间，他两度因为压力过大而患上荨麻疹，内心所受的焦虑和煎熬可见一斑。

2005 年，HXMT 被原来的国防科工委选中为背景型号，在随后的科学和技术论证中，卢方军负责撰写技术报告，“日夜都在琢磨，往往整夜睡不着觉。”结果，连续的疲劳和精神压力使他第一次患上了荨麻疹，一到天热就犯，必须吃药才能控制，治疗了三年才好。

2011 年，卫星正式立项。作为一颗复杂的空间科学卫星，HXMT 从初样到正样，每一步都历尽艰险：探测器频频被污染、电子学系统工作失常……引发这些问题的原因往往纤毫如发，排查和解决要花去数月甚至半年以上的时间。

这其中，很多都是自主研制带来的问题。作为国产化的积极提倡者，卢方军坦承，自主研制不是一条捷径，特别是在国家工业水平还比较粗放的条件下“白手起家”，会遭遇很多意想不到的困难；但是从学科发展和实验室建设的角度来说，却是非常有价值的。

道理清楚明白，但各种辛苦却无法对外人言说。“别人只看到，怎么又拖延了，一个这么小的问题怎么导致了这么长时间的拖延，他们不能理解。”卢方军说。

压力排山倒海般袭来，卢方军又一次得了荨麻疹。为了放松身心，他拿起相机，去拍摄大自然中的花花草草。平时没时间，就在高能所院子里和附近的雕塑公园里拍几张，几个星期才有机会骑自行车去次远点的地方，一个人背着相机、背着水，在山里转悠。

然而，即使骑着自行车去郊区拍拍花草，他也会和工作联系起来："走自主研制的路，就好比骑着车去公园，能沿途摄影的同时还可以强身健体，这不是比打车去公园更好吗？"

有幸与那么多优秀同事共渡难关

谈到自己，卢方军认为"乏善可陈"，一带而过；谈到研制团队的同事们，他却满脸骄傲，毫不吝啬赞美之词，"与那么多优秀的同事一起工作，实在是一件幸事。"

HXMT 卫星有效载荷副总设计师徐玉朋就令他十分钦佩。"徐玉朋对有效载荷每一块电路板的设计甚至器件都了如指掌，对工程的各种技术流程和要求都烂熟于心；遇到问题不慌张，遇到疑点不放过，同时为人又厚道谦和，研究人员遇到了技术难题，都会首先找到他。他是我们整个有效载荷技术方面的定海神针！"

低能望远镜主任设计师陈勇和卢方军一样，也是从科学研究转而投入工程研制的。2005 年，根据学科的发展需求，陈勇提出为 HXMT 增加低能段望远镜，但他的方案一开始受到外国专家的强烈质疑。"陈勇平时话语不多，一投入工程就扎得很深，不迷信权威，有主意，也有骨气。他的个人特质在研制中发挥了关键作用。最后，低能望远镜实现的技术指标比外国专家最初的预期高了好几倍，使卫星的科学能力大大增强。"卢方军夸赞起这位同事就滔滔不绝。

谈到中能望远镜主任设计师曹学蕾时，卢方军被这位年轻人的毅力和能力深深打动。"质量问题导致进度拖延，这和国内的工业基础相关，解决起来非常困难，各种质疑的声音接踵而来。曹学蕾虽然年轻，在前途并不光明、工作负荷超强的研制过程中却没有垮掉，最终按要求完成了任务。"

而高能望远镜主任设计师刘聪展的踏实能干也令卢方军印象深刻。"高能望远镜用的复合晶体探测器原计划从美国采购，但后来遭到美国禁运。刘聪展决定自己干，他多次开车前往地处河北农村的北京滨松公司，在两年多里进行了几十次试验，最终解决了超大尺寸复合晶体的密封难题，使其性能指标达到了国际最好水平。"

卢方军说。

除了以上这几位技术骨干，卢方军对有效载荷总调度张帆、总质量师张承模、主结构分系统主任设计师张童等也是交口称赞。“在总指挥王焕玉的领导下，能把这么多优秀的人才组织在一起，心情愉快、积极向上地工作，也算是我对工程作出的一点贡献吧。”卢方军说。而在内心深处，他认为，一个团队只有有了共同的理想和价值观，才不会被利益撕裂，而是目标一致向前进。

这是人生中值得回望的高峰

在接手 HXMT 项目之前，卢方军一直在做超新星遗迹的研究工作。在他的办公室里，大约 400 年前一颗恒星爆发后留下的遗迹被打印成两张色彩绚丽的图片，静静地贴在桌子上方，仿佛时刻提醒着主人不要忘记那开在宇宙深处的花朵。“这是‘仙后座 A’，银河系内已知的最年轻的超新星遗迹之一。我想研究它是怎么被加热的，遗憾的是，这件事一直没有做完。”卢方军看着图片说。

中断在美国的博士后研究回来时，一些科学家同行奉劝卢方军不要做硬件，告诫他研制仪器周期太长，会耽误科学产出。事实上，在为 HXMT 忙碌的日子里，卢方军的确无暇顾及原来的研究课题，只零零星星发表了几篇论文。不久前，他想向一位过去的学生展示自己在这方面的研究，没想到时间隔得太久，竟然连做数据分析的那台电脑密码都忘记了。

“从个人来讲，或许是有点吃亏。但是，中国这样一个大国，光有人做一点理论研究，这样的科学发展模式肯定是不健康的。有人做仪器、有人做研究，也有人做科学工程的管理，这样这个链条才完整。”卢方军说。

卢方军期望，在 HXMT 发射上天之后，能重新将主要精力投入到卫星数据的分析研究中去。但是，他强调，发表文章带来的个人成就感是无法和这颗卫星的成功相提并论的，因为后者凝聚了几代科学家的努力和一个团队持续十几年的奋斗，对中国高能天体物理的发展有着重大意义。

“这一辈子，当你回首往事的时候，看得见的是山峰，而不是平地。HXMT，肯定是我人生中的一座山峰，而且是迄今为止最高的山峰。”卢方军说。

参考文献

R e f e r e n c e

比尔·布莱森．2005. 万物简史．严维明，陈邕译．北京：接力出版社．

韩钢．2010. X 射线发现者伦琴．长春：北方妇女儿童出版社．

马丁·里斯．2014. 宇宙大百科．余恒等译．北京：电子工业出版社．

玛西亚·芭楚莎．2016. 黑洞简史．杨泓，孙红贵译．长沙：湖南科学技术出版社．

斯蒂芬·霍金．2012. 宇宙简史．赵君亮译．南京：译林出版社．

孙天任．2017. 洞悉炽热宇宙：硬 X 射线调制望远镜发射升空．科学世界，7：4-13.

特伦斯·迪金森．2015. 探寻宇宙——现代天文学通俗指南．陈冬妮译．北京：人民邮电出版社．